Martin Voss

Einführung in die technische Informatik

Mit 36 Abbildungen und
zahlreichen Programmierbeispielen

Friedr. Vieweg & Sohn   Braunschweig / Wiesbaden

CIP-Kurztitelaufnahme der Deutschen Bibliothek

Voss, Martin:
Einführung in die technische Informatik / Martin Voss.
– Braunschweig, Wiesbaden: Vieweg, 1979.
  ISBN-13: 978-3-528-04153-3   e-ISBN-13: 978-3-322-85539-8
  DOI: 10.1007/978-3-322-85539-8

Umschlagentwurf: Hanswerner Klein, Leverkusen
Satz: Vieweg, Braunschweig

ISBN-13: 978-3-528-04153-3

Vorwort

Die wirtschaftliche Situation der heutigen Zeit wird beherrscht durch ständig wachsenden
Kostendruck, der die Unternehmen zu durchgreifenden Rationalisierungsmaßnahmen
zwingt. In diesem Zusammenhang kommt den Datenverarbeitungsmaschinen eine bevor-
zugte Stellung zu, da sie ein geeignetes Instrument zur Durchführung solcher Maßnahmen
sind. Zugleich erleben wir eine lawinenartig steigende Informationsflut in allen Bereichen
des Wirtschaftslebens, die es gilt, mit geeigneten Methoden und Mitteln zu verarbeiten.
Nachdem zunächst auf dem Gebiet des Bürowesens und der Verwaltung die maschinelle
Datenverarbeitung ihren Einzug hielt, erobert sie sich jetzt eine beherrschende Stellung
auch in technischen Bereichen. Angefangen von ihrem Einsatz in der Arbeitsvorbereitung
und in der Konstruktion, über Prüffeldautomatisierung, Lagerbestandsverwaltung, Planung
und Überwachung von Bauvorhaben, Steuerung und Kontrolle der Fertigung bis zur voll-
ständigen prozeßüberwachung und -Lenkung gelangen Datenverarbeitungsmaschinen heute
in allen Bereichen der Technik zur Anwendung. Die stürmische Entwicklung der Computer-
technologie der letzten Jahre führte zu einer drastischen Senkung der Computerpreise und
auf dem Gebiet der Prozeßrechentechnik von Großanlagen zu dezentral einsetzbaren Mikrocomputern. Damit fielen die letzten Schranken, die einer allgemeinen Anwendung von Prozeßrechnern bisher noch im Wege standen. Andererseits darf nicht übersehen werden, daß
die Software-Kosten ständig steigen, so daß auch nach einer Standardisierung der Software
und ihrer breiten Anwendung bei hohen Stückzahlen gleichartiger Rechner gestrebt wird.

Vom Ingenieur wird heute erwartet, daß er sich in der Einsatzmöglichkeit von Computern
auf seinem Fachgebiet auskennt. Dazu ist erforderlich, daß er während seiner Ausbildung
Grundlagenkenntnisse über die Datenverarbeitung, über ihre Prinzipien und Anwendungs-
möglichkeiten erwirbt. Das Erlernen einer anwendungsbezogenen Programmiersprache ist
in den meisten Ingenieurfachrichtungen bereits obligatorisch. Darüberhinaus ist es jedoch
insbesondere für Ingenieure betriebstechnischer Fachrichtungen unerläßlich, Grundlagenkenntnisse in der Arbeitsweise von Informationsverarbeitungsmaschinen und insbesondere
von Prozeßrechnern zu besitzen. Nachdem man noch vor einigen Jahren glaubte, alle An-
wendungsprobleme mit problemorientierten Programmiersprachen computergerecht auf-
bereiten zu können, sieht der Ingenieur sich heute angesichts der sich explosionsartig aus-
breitenden Mikroprozessorwelle vor die Notwendigkeit gestellt, sich wieder mit maschinenorientierten Programmiersprachen und teilweise sogar mit echten Maschinensprachen auseinandersetzen zu müssen.

Das vorliegende Lehrbuch versucht, die heute vom Ingenieur allgemeiner technischer Fachrichtungen geforderten Kenntnisse auf dem Gebiete der Datenverarbeitung in Kürze zusammenzufassen. Für eine vertiefende Einarbeitung in den sehr umfangreichen Stoff wird auf die Fachliteratur zu den einzelnen Fachgebieten verwiesen. Gerade die Absicht, kein Spezial-, sondern Grundlagenwissen zu vermitteln, macht eine solche Beschränkung erforderlich. Aus diesem Grunde werden in den Anwendungsbeispielen auch nur grundsätzliche Lösungen elementarer Probleme behandelt. Durch die Gegenüberstellung verschiedener Rechnerprogramme in unterschiedlichen Programmiersprachen wird dabei der Einblick in grundsätzliche Lösungsverfahren eröffnet und so eine breite Grundlage geschaffen, die die Ausgangsbasis für ein vertiefendes Studium spezieller Bereiche der Datenverarbeitung abgibt.

Für Hinweise und Vorschläge, die zur Weiterentwicklung des Buches dienen, danken Autor und Verlag.

Martin Voss

Flensburg, Frühjahr 1979

Inhaltsverzeichnis

1 Grundlagen der Datenverarbeitung

Mit dem Begriff *Datenverarbeitung* wird man zunächst Begriffe in Beziehung setzen, die
aus kaufmännischen Bereichen, Wirtschaftsbereichen und aus denen der Computertechnik
stammen. Daß aber gerade im Bereich der Technik sehr viele Vorgänge Datenverarbeitungs-
aufgaben sind, zu deren Lösung Datenverarbeitungsmaschinen eingesetzt werden, wird in
diesem Zusammenhang meistens übersehen. Alle Anlagen der Meß-, Steuer- und Regel-
technik sowie die der Nachrichtenübertragung und -verarbeitung sind informationsver-
arbeitende Systeme.
Während der Begriff *Informatik* allgemein die mathematische Theorie oder auch die Wissenschaft der Computer bezeichnet, wollen wir in Anlehnung an *K. Steinbuch* die Ingenieur-
wissenschaft informationsverarbeitender Systeme *Technische Informatik* nennen. Hierzu
ist im weitesten Sinne sowohl die technische Ausführung wie auch der Einsatz solcher
Systeme im Bereich der Technik zu verstehen. Im Hinblick auf die gesteckte Zielsetzung
wollen wir die Technik der Computer, die man auch als Hardware bezeichnet, jedoch nur
soweit behandeln, als darüber Kenntnisse zum Umgang mit solchen Maschinen erforderlich
sind. Die sinnvolle Anwendung von Datenverarbeitungsanlagen in der Technik, insbesondere
von Prozeßrechnern, ist heute eine Aufgabe, die sich jedem Ingenieur stellt. Dazu gehören
Grundkenntnisse über die Struktur solcher Maschinen und vor allem über ihre Programmierung, also die Software.

1.1 Digitale Informationsverarbeitungssysteme

Allen Geräten der Regelungs-, Steuerungs- und Automatisierungstechnik ist eines gemeinsam: sie empfangen Informationen aus einem technischen Prozeß, die sie nach vorgegebe-
nen Bedingungen verarbeiten, und geben ihrerseits wiederum Informationen an den Prozeß
zurück. (Abb. 1.1)

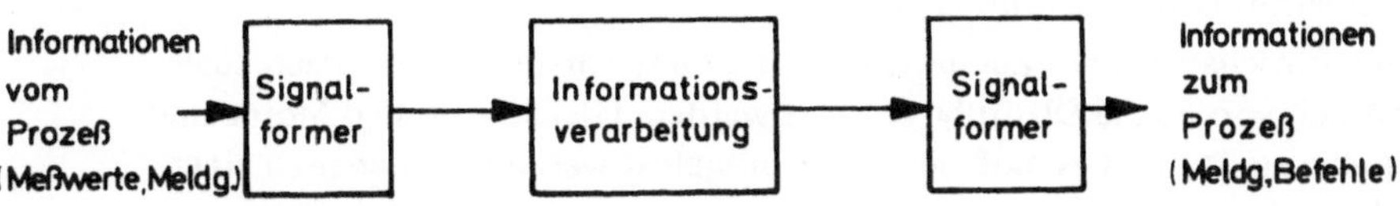

Abb. 1.1 Prinzip der Informationsverarbeitung

Solche Informationen können Schalterstellungsmeldungen, Spannungen, Ströme, Frequenzen, Drehzahlen, Drücke, Temperaturen, Soll- und Istwerte, kurz jede Art von Informationen sein, die das Geschehen in einem technischen Prozeß charakterisieren. Mit Hilfe geeigneter Meßumformer und Signalcodierer ist es möglich, alle Informationen in digitaler Form darzustellen, bei der jeweils nur noch zwei Signalzustände 0/1 vorkommen. Die gewünschte Signalverknüpfung läßt sich jetzt entsprechend den gestellten Betriebsanforderungen durch Signalflußpläne darstellen. In der elektronischen Steuerungstechnik werden diese Signalflußpläne zum Verdrahten der Steuerungen verwendet, indem für die jeweiligen Logikverknüpfungen entsprechende Grundbausteine eingesetzt werden.

An einem einführenden Beispiel soll deutlich gemacht werden, wie eine solche Informationsverarbeitung zu verstehen ist. Jedem dürfte die Funktion einer thermostatgesteuerten Ölfeuerungsanlage bekannt sein. Sie wird durch zwei Eingangssignale beeinflußt:

— Ein Thermostat meldet, ob die gewünschte Wassertemperatur erreicht ist oder nicht.

— Ein Flammenwächter in Form einer Fotozelle mit einem nachgeschalteten Relaiskontakt meldet, ob die Flamme vorhanden ist.

Da die vom Prozeß kommenden Informationen von Schaltern geliefert werden, ist ersichtlich, daß es sich um digitale Signale handelt. Entsprechend werden auch digitale Signale von der Steuerung an die Ölbrenneranlage weitergeleitet, nämlich

— ein Schaltbefehl an den Motor, der das Gebläse und die Ölpumpe antreibt,

— ein Schaltbefehl an das Magnetventil, welches die Ölzufuhr von der Pumpe zum Brenner freigibt,

— ein Schaltbefehl an die Zündeinrichtung, einen Hochspannungstransformator, der einen Lichtbogen im Brennraum erzeugt.

Die Informationsverarbeitung hat in der Steuerung nach folgendem Programm zu geschehen:

1. Der Thermostat spricht an, weil die eingestellte Wassertemperatur unterschritten wird.

2. Motor mit Gebläse und Ölpumpe wird eingeschaltet.

3. Nach einer Vorbelüftungszeit von 4 s wird das Magnetventil für die Ölzufuhr eingeschaltet.

4. Gleichzeitig mit Punkt 3 wird die Zündung eingeschaltet.

5. Sobald die Flamme erscheint, wird die Zündung ausgeschaltet.

6. Ist die am Thermostaten eingestellte Wassertemperatur erreicht, wird der Motor und das Magnetventil für die Ölzufuhr ausgeschaltet.

7. Sollte nach Einschaltung der Zündung keine Flamme entstehen, muß nach einer Sicherheitszeit von 5 s die Ölzufuhr gesperrt werden. Gleichzeitig sind Motor und Ölzufuhr abzustellen und es muß ein Alarm ausgelöst werden (Einschalten einer Störungslampe).

8. Die Anlage bleibt nach Auslösung des Alarms so lange gesperrt, bis sie von Hand durch Betätigung eines Entriegelungstasters wieder in Betrieb gesetzt wird.

9. Sollte während des Brennerbetriebes die Flamme erlöschen, so muß die Zündung eingeschaltet werden und im Programm weiter wie von Punkt 5 an beschrieben verfahren
   werden.

Die logischen Beziehungen, die diesem Informationsverarbeitungsprogramm zugrunde
liegen, lassen sich in einem Signalflußplan (Abb. 1.2) darstellen. Wird die Realisierung
der Steuerung mit einem Elektroniksystem durchgeführt, welches die entsprechenden
Logikbausteine enthält, so ist dieser Signalflußplan zugleich auch der Verdrahtungsplan
für die Steuerung.
An dieser Stelle soll auf Digitalsteuerungen mit elektronischen Baugruppen nicht näher
eingegangen werden. Es sei auf die entsprechende Fachliteratur verwiesen. Ihr Grund-
gedanke beruht darauf, mit einer begrenzten Anzahl von Grundbausteinen, die die logischen Grundverknüpfungen ausführen, jede gewünschte Verarbeitungslogik durch eine
entsprechende Verdrahtung der Logikbausteine zu erreichen.

Wenngleich bei dieser Technik schon eine weitgehende Standardisierung der Baugruppen
erfolgt ist, besteht ihr Nachteil noch immer darin, daß für jeden Anwendungszweck eine
individuelle Verdrahtung vorzunehmen ist. In dem Bestreben, eine noch weitergehende

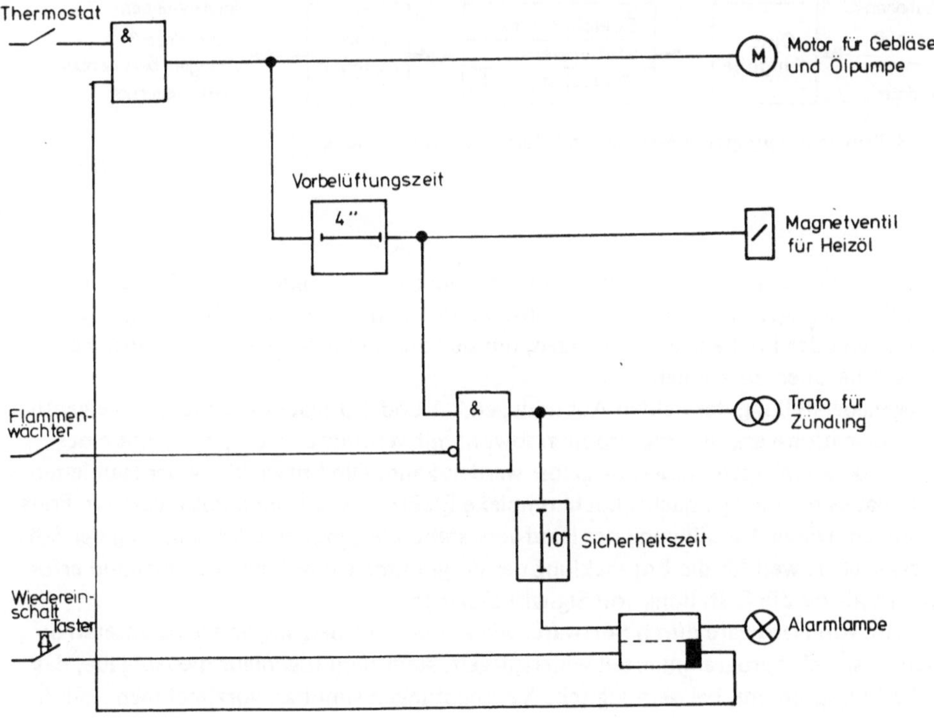

Abb. 1.2 Signalflußplan einer Ölbrennersteuerung

Standardisierung der technischen Ausführung zu erreichen, kam man auf den Gedanken,
die jeweiligen Verknüpfungsfunktionen in einem besonderen Programm festzulegen. Die
gesamte Elektronik könnte dann schließlich in einem Universalbaustein zusammengefaßt
werden, der sich in industrieller Massenfertigung verhältnismäßig billig herstellen ließe.

Erste Ausführungen solcher programmgesteuerter Automaten besaßen ein Steckfeld, auf
dem die jeweiligen Programmschritte durch Steckverbindungen hergestellt wurden. Das
gesamte Steckfeld war auswechselbar, so daß die Maschine in kurzer Zeit für neue Aufgaben umgerüstet werden konnte. Die Weiterentwicklung führte dann zu Programmen, die
in binärcodierter Form in Speichern untergebracht werden, aus denen die Steuerung sie
schrittweise abruft und zur Ausführung bringt. Werden hierbei Speicher verwendet, die
sich in einfacher Weise immer wieder mit neuen Informationen laden lassen, so können
solche Informationsverarbeitungsmaschinen in kürzester Zeit für neue Aufgabenstellungen
umprogrammiert werden.

Das Prinzip einer solchen programmgesteuerten Informationsverarbeitung unterscheidet
sich von dem mit einer verdrahteten Logik nur unwesentlich, wie aus Abb. 1.3 ersichtlich
ist.

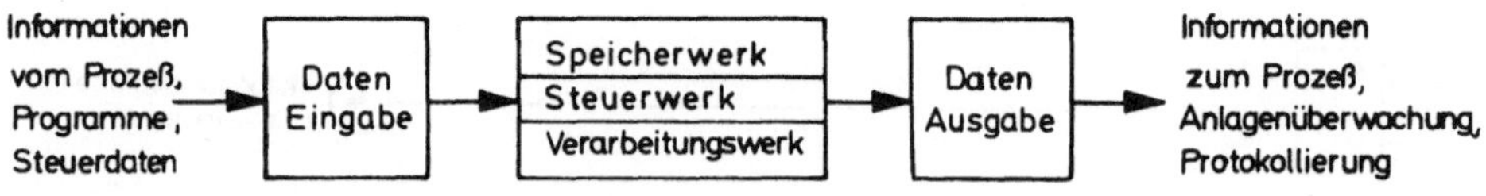

Abb. 1.3 Prinzip der programmgesteuerten Informationsverarbeitung

Die Programmierung solcher Systeme kann losgelöst von der eigentlichen Anlage am
Schreibtisch erfolgen. Die Programme selbst werden in der Regel auf Datenträger wie
Lochstreifen oder Lochkarten übertragen, um sie dann in kurzer Zeit in den Speicher
der Maschine laden zu können.

Die Gegenüberstellung der beiden Abbildungen 1.1 und 1.3 macht deutlich, daß eigentlich
jedes Informationsverarbeitungsproblem sowohl mit verdrahteter Logik wie mit einer
speicherprogrammierten Steuerung gelöst werden kann. Die Entwicklung der Halbleiter-
technik hat es möglich gemacht, hochkomplexe Elektronikbausteine mit niedrigem Preis
herzustellen. Dieser Verbilligung der Hardware steht allerdings eine Verteuerung der Software gegenüber, weil für die Entwicklung der Programme ein höherer Zeitaufwand erforderlich ist als für die Erstellung von Signalflußplänen.

Der Ersatz von Hardware durch Software, wie er sich im Übergang von verdrahteten Systemen zu speicherprogrammierten widerspiegelt, stellt dem Ingenieur die Aufgabe, das
Verarbeitungsproblem, bei dem logische Verknüpfungen simultan vorzunehmen sind, in
eine zeitliche Folge einzelner Operationen aufzulösen. Wir wollen dies an dem bereits behandelten Beispiel der Ölheizungsanlage verdeutlichen und damit zugleich den Gesamt-
rahmen für den Inhalt dieses Buches abstecken:

Die Erfassung der Meldungen von Thermostaten und vom Flammenwächter hat simultan,
d.h. gleichzeitig zu erfolgen. Wird für die Lösung dieser Aufgabe eine programmgesteuerte
Automatik verwendet, in der nacheinander einzelne Programmschritte ablaufen, so muß
die Überwachung der Eingangssignale jedoch nacheinander erfolgen. Durch die hohe
Arbeitsgeschwindigkeit der Digitalrechner, die für die Bearbeitung eines solchen Pro-
grammschrittes nur noch Mikrosekunden bzw. Nanosekunden benötigen, wird dieser
Nachteil wieder ausgeglichen, so daß praktisch keine Verzögerungen entstehen. Die
Reihenfolge des Programmablaufs wird in einem Ablaufdiagramm (Abb. 1.4) dargestellt.
Die näheren Erläuterungen zur Entwicklung eines solchen Ablaufdiagramms folgen in
den späteren Abschnitten dieses Buches. An dieser Stelle sei es nur als Beispiel angeführt,
wie sich aus der gegebenen Aufgabenstellung der Ölbrennersteuerung ein Verarbeitungs-
programm entwickeln läßt.

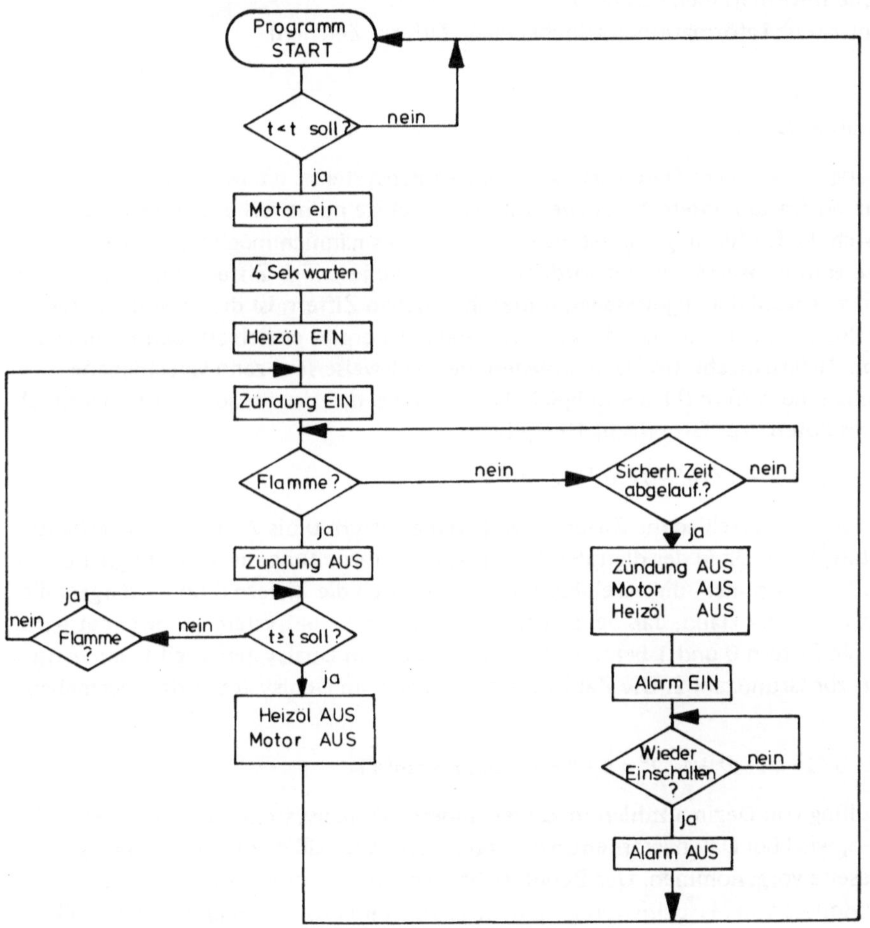

Abb. 1.4 Ablaufdiagramm einer Ölbrennersteuerung

Die Aufstellung eines guten Ablaufdiagramms ist zunächst die wichtigste Aufgabe, die der Ingenieur zu lösen hat, wenn er eine Steuerungsaufgabe mit einem Digitalrechner oder einem Mikroprozessor lösen will. Als nächstes muß er sich dann mit den Eigenheiten des benutzten Rechners auseinandersetzen und mit einer Programmiersprache vertraut machen, in der sich dieser Rechner programmieren läßt. Die Beschreibung des Ablaufdiagramms mit den Formulierungen der betreffenden Programmiersprache stellt schließlich das Programm dar.

1.2 Binäre Informationsverschlüsselung

Die zu verarbeitenden Informationen lassen sich in zwei Gruppen zusammenfassen:

Numerische Informationen (Zahlen)
Alphanumerische Informationen (Buchstaben, Ziffern, Zeichen)

1.2.1 Numerische Daten

Die Darstellung numerischer Daten erfolgt durch Zahlensysteme, die es gestatten, mit einer begrenzten Anzahl unterschiedlicher Ziffern beliebige numerische Größen auszudrücken. Durch die Einführung mehrstelliger Zahlen ist es nämlich möglich, einer jeden Stelle eine bestimmte Wertigkeit zuzuordnen, mit der die jeweilige Ziffer zu multiplizieren ist. Je nach der Anzahl der zugelassenen unterschiedlichen Ziffern ist dieser Stellenwert bei den einzelnen Zahlensystemen verschieden, und zwar ergibt er sich aus den Potenzen zur jeweiligen Ziffernanzahl. Im Dezimalsystem beispielsweise sind zehn verschiedene Ziffern, nämlich die Ziffern 0 bis 9 möglich. Daraus folgt, daß der Stellenwert im Dezimalsystem sich als Potenz zur Grundzahl 10 ergibt.

Beispiel: $1976 = 1 \cdot 10^3 + 9 \cdot 10^2 + 7 \cdot 10^1 + 6 \cdot 10^0$

Würde man nur acht verschiedene Ziffern, nämlich die Ziffern 0 bis 7 zulassen, so erhielte man das Oktalsystem. Da in der digitalen Informationsverarbeitung nur zwei mögliche Signalzustände vorkommen, die vereinbarungsgemäß durch die Ziffern 0 und 1 dargestellt werden, liegt es auf der Hand, daß bei solchen Systemen das Dualsystem angewendet wird, welches nur die Ziffern 0 und 1 benutzt. Der Stellenwert im Dualsystem ergibt sich dann aus Potenzen zur Grundzahl 2. Die Zahl 11 wird sich also im Dualsystem folgendermaßen schreiben:

$1011 = 1 \cdot 2^3 + 0 \cdot 2^2 + 1 \cdot 2^1 + 1 \cdot 2^0 = 8 + 2 + 1 = $ Dezimalzahl 11

Die Umwandlung von Dezimalzahlen in Zahlen anderer Zahlensysteme, wie zum Beispiel in Dualzahlen, wird bei Datenverarbeitungsanlagen hardwaremäßig auf der Dateneingabe- und -ausgabeseite vorgenommen. Der Benutzer braucht sich darum nicht zu kümmern. Beim Programmtest von Maschinenprogrammen sowie beim Programmieren von Prozeßrechnern sind Kenntnisse über die jeweilige Verschlüsselung der numerischen Daten jedoch unbedingt erforderlich.

Oftmals wird von einer gemischt dezimal-dualen Verschlüsselung Gebrauch gemacht, bei
der die Dezimalzahl erhalten bleibt, jede einzelne Ziffer jedoch dual verschlüsselt wird.
Dieser BCD-Code (binary coded decimal) benötigt für jede einzelne Ziffer vier Binärstellen,
also eine Tetrade.

Beispiel: 1976 = 0001   1001   0111   0110

Da mit einer Tetrade insgesamt 16 verschiedene Kombinationen gebildet werden können,
entstehen auf diese Weise zwangsläufig Pseudotetraden, die im BCD-Code niemals vorkommen können, nämlich die Kombinationen für die Dezimalwerte 10 bis 15. Für bestimmte Anwendungsfälle ist es nun günstiger, die Verschlüsselungen nicht nach dem Dualsystem vorzunehmen, sondern diese Pseudotetraden mitzuverwenden und dafür andere
aus dem Schema herauszulassen. Von den vielfältigen Verschlüsselungsmöglichkeiten, die
im Gebrauch sind, gibt Abb. 1.5 einen Überblick über die bekanntesten Codes.

Tetrade	zugeordnete Dezimalziffer im Code			
	BCD	Aiken	3-Excess	Gray
0000	0	0	−	0
0001	1	1	−	1
0010	2	2	−	3
0011	3	3	0	2
0100	4	4	1	7
0101	5	−	2	6
0110	6	−	3	4
0111	7	−	4	5
1000	8	−	5	−
1001	9	−	6	−
1010	−	−	7	−
1011	−	5	8	8
1100	−	6	9	9
1101	−	7	−	−
1110	−	8	−	−
1111	−	9	−	−

Abb. 1.5
Tetraden-Codes

Würde bei einer EDV-Anlage mit BCD-Codierung eine reine Dualzahl zu interpretieren
sein, so ergäbe sich die Schwierigkeit, daß nunmehr die im BCD-Code nicht vorhandenen
Pseudotetraden doch vorkommen können. Das auf diese Weise zur Anwendung kommende
Zahlensystem wäre zwangsläufig das mit der Grundzahl 16, also das Sedezimalsystem
oder auch hexadezimale Zahlensystem. Da bei diesem System an einer Stelle sechzehn
verschiedene Werte möglich sind, nämlich die Ziffern 0 bis 15, ist es üblich, für die zwei-
stelligen Ziffern die Buchstaben A−F zu verwenden. (Abb. 1.6)

Dezimalzahl	Dualzahl	Oktalzahl	Sedezimalzahl
0	0	0	0
1	1	1	1
2	10	2	2
3	11	3	3
4	100	4	4
5	101	5	5
6	110	6	6
7	111	7	7
8	1000	10	8
9	1001	11	9
10	1010	12	A
11	1011	13	B
12	1100	14	C
13	1101	15	D
14	1110	16	E
15	1111	17	F
16	10000	20	10
17	10001	21	11
18	10010	22	12
19	10011	23	13
20	10100	24	14

Abb. 1.6 Gegenüberstellung verschiedener Zahlensysteme

● **Aufgabe 1.1**
Welchen Wert besitzt die Dualzahl 100110111?

● **Aufgabe 1.2**
Welchen Wert hat die Hexadezimalzahl A3C?

● **Aufgabe 1.3**
Verwandeln Sie die Dezimalzahl 91
a) in eine Dualzahl
b) in eine Hexadezimalzahl

● **Aufgabe 1.4**
Wie lautet die Dezimalzahl 916 im BCD-Code?

1.2.2 Alphanumerische Daten

Zu den alphanumerischen Daten rechnen alle Buchstaben, Ziffern, Satzzeichen und Sonderzeichen. Da ihre Anzahl größer als 32, aber unter Verzicht auf Groß- und Kleinschreibung
kleiner als 64 ist, werden zu ihrer binären Verschlüsselung mindestens sechs Binärstellen
benötigt. Bei Datenverarbeitungsanlagen mit fester Speicherwortlänge können mehrere
Zeichen in einem Speicherwort zusammengefaßt werden. So lassen sich beispielsweise bei
der Nixdorf-Datenverarbeitungsanlage N 820/20 mit einer Speicherwortlänge von 18 bit
jeweils drei Zeichen in einem Speicherwort unterbringen, während bei dem Prozeßrechner
Siemens 305 mit einer Speicherwortlänge von 24 bit in einem Speicherwort vier Zeichen
gespeichert werden können. In diesem Fall würde beispielsweise der Name Mueller zwei
Speicherworte belegen:

Mueller = | M | u | e | l | | l | e | r | |
              1. Wort   2. Wort

Wie bereits vorher erwähnt wurde, wird für viele Zwecke eine Tetradenstruktur des Speichers in der EDV-Anlage gebraucht. Will man nun für das Abspeichern alphanumerischer
Daten ebenfalls bei einer Tetradenstruktur bleiben, so muß man für jedes Zeichen 8 Bit
vorsehen. Eine solche Kombination zweier Tetraden nennt man ein Byte.

8 Bit = 1 Byte

Da mit einem Byte insgesamt 256 Binärkombinationen möglich sind, lassen sich jetzt noch
weitere Sonderzeichen darstellen, beispielsweise ist jetzt auch die Unterscheidung großer
und kleiner Buchstaben möglich. Eine gebräuchliche Byte-Verschlüsselung stellt der
EBCDI-Code dar (extendet binary coded decimal interchange code). Auch für numerische Daten wird häufig die Byte-Darstellung gewählt. Dabei werden jeweils zwei Ziffern
in einem Byte tetradenweise im BCD-Code abgespeichert. Für das Vorzeichen wird ebenfalls eine Tetrade verwendet, üblich ist beispielsweise die Kombination 1011 für das
Minuszeichen und 1100 für das Pluszeichen.

Beispiel:
$-34596 =$ 0011   0100   0101   1001   0110   1011
             3   4   5   9   6   −

Bei dieser Verschlüsselung spricht man von einer gepackten Bytedarstellung. In ungepack-
ter Darstellung würde für jede Ziffer ein ganzes Byte benötigt werden.

1.3 Das Rechnen mit Dualzahlen

Alle Rechenoperationen in Digitalrechnern werden auf die vier Grundrechenarten zurückgeführt: Addition, Subtraktion, Multiplikation und Division. Werden Dualzahlen verwendet,
so lassen sich ohne Schwierigkeiten die Subtraktion, Multiplikation und Division ihrerseits
auf die Addition zurückführen. Der Computer benötigt demnach nur ein Addierwerk, das
im folgenden kurz skizziert werden soll.

1.3.1 Addition im Dualsystem

$0 + 0 = 00$
$0 + 1 = 01$
$1 + 0 = 01$
$1 + 1 = 10$

Die technische Verwirklichung einer Schaltung zur Addition zweier einstelliger Dualzahlen ist, wie man aus dem obigen Schema erkennt, mittels einer Antivalenzschaltung für die Einer-Stelle und einer Und-Logik für die Überlaufstelle möglich. Eine solche Anordnung wird Halbaddierer genannt.

Ist bei der Addition mehrstelliger Dualzahlen bereits eine Überlaufinformation der vorhergehenden Stelle mit zu verarbeiten, so müssen für jede Stelle zwei Halbaddierer zu einem Volladdierer zusammengefaßt werden.

Die Schaltung für ein Parallelrechenwerk zur Addition zweier vierstelliger Dualzahlen besteht also aus einem Halbaddierer für die Einerstelle und drei Volladdierern für die folgenden Stellen, also insgesamt sieben Halbaddierern. Die Durchführung der Rechenoperation $13 + 9 = 22$ sieht dann beispielsweise im Dualzahlensystem folgendermaßen aus:

Summand A		1	1	0	1
Summand B		1	0	0	1
Überlauf der vorhergehenden Stelle	1	0	0	1	–
Summe S	1	0	1	1	0

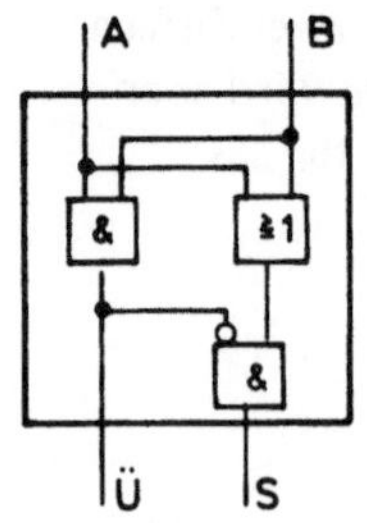

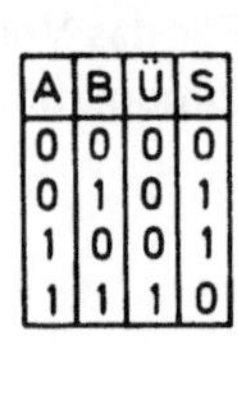

A	B	Ü	S
0	0	0	0
0	1	0	1
1	0	0	1
1	1	1	0

Abb. 1.7 Halbaddierer

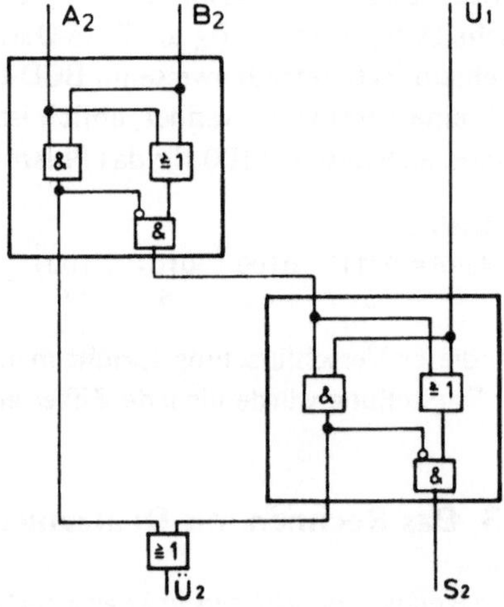

Abb. 1.8
Volladdierer aus zwei Halbaddierern

Dieser kurze Einblick in die Computertechnik soll zweierlei deutlich machen:

1. Da sich jede Information in binärer Form darstellen läßt, lassen sich Verknüpfungen von Informationen durch die Anwendung der aus der Digitaltechnik bekannten logischen Operationen lösen. Auch mathematische Verknüpfungen numerischer Größen werden mit den gleichen Logikfunktionen durchgeführt.
2. Komplexe Informationsverarbeitungsprobleme lassen sich bei näherem Hinschauen zurückführen auf immerwiederkehrende gleichartige Elementaroperationen, die lediglich in geeigneter Form aneinanderzureihen sind.

1.3.2 Multiplikation im Dualsystem

Die Multiplikation erfolgt in derselben Weise wie im Zehnersystem durch stellenweises Ausmultiplizieren und anschließendes Addieren. Da jeweils nur eine Multiplikation mit 0 oder 1 erfolgt, bedeutet das, daß eine Addition des Multiplikanden zu erfolgen hat, wenn die Multiplikatorstelle 1 ist und nur eine Stellenverschiebung des Multiplikanden erfolgt, wenn die Multiplikatorstelle 0 ist.

▶ **Beispiel:** Multiplikation 12 · 5

$$
\begin{array}{r}
1100 \cdot 101 \\
\hline
1100 \\
0000 \\
1100 \\
\hline
111100 \\
\hline
\end{array}
$$

1.3.3 Subtraktion im Dualsystem

Die Subtraktion wird auf eine Addition des Komplements zurückgeführt, wobei unter dem Komplement die Ergänzung zur nächsthöheren Basiszahl zu verstehen ist. Im Zehnersystem ergibt sich das Komplement also je nach der Stellenzahl als Ergänzung zu 10, 100, 1000 usw., im Dualsystem zu 16, 32, 64 usw. Die Bildung des Komplements ist in Zweiersystemen sehr einfach. Man erhält es, wie man leicht nachprüfen kann, durch Invertierung sämtlicher Stellen und einer anschließenden Addition einer 1.

▶ **Beispiel:** Durchführung der Rechnung 11 − 6 = 5

a) *Komplementbildung:*
   Bei Festlegung auf vier Stellen ist das Komplement zur Zahl 16 zu bilden

6	= 0110
Invertierung	= 1001
Addition einer 1	= 1
Komplement	= 1010

b) *Durchführung der Subtraktion*
   Im Dezimalsystem wäre bei zwei Stellen das Komplement zur 100 zu bilden. Das Komplement von 6 ist dann 94.

   Rechnung:

$$
\begin{array}{r}
11 \\
+ \ 94 \\
\hline
(1)05 \\
\end{array}
$$

Die den festgelegten Bereich überschreitende Überlaufstelle wird fortgelassen, so daß als Resultat 5
erscheint. Im Dualsystem sieht die Rechnung entsprechend aus:

```
  Dezimalwert        11 =      1011
+ Komplement von      6 =      1010
  Ergebnis            5 =   (1)0101
```

1.3.4 Division im Dualsystem

Die Division läßt sich auf eine ständige Addition des Komplements zurückführen. Die Anzahl der Additionsschritte wird so lange mitgezählt, bis der Divisionsrest kleiner als der
Divisor ist.

● **Aufgabe 1.5**

Bilden Sie im Dualsystem das 16-er Komplement zur Zahl 3 und führen Sie dann die Subtraktion $8 - 3$ mittels Komplement-Addition aus.

1.4 Informationsspeicher

Ein wesentliches Element der Datenverarbeitungsanlage ist ihr Informationsspeicher. Es
müssen nämlich sowohl die zu verarbeitenden Informationen als auch die zur Verarbeitung
erforderlichen Programmschritte in verschlüsselter Form gespeichert werden. Dazu benutzt
man in der Regel Speicher, deren Informationsinhalt beliebig oft veränderbar ist. Im Gegensatz dazu gibt es auch Festspeicher, bei denen ein hardwaremäßig festgelegter Speicher-
inhalt betriebsmäßig nicht mehr verändert werden kann.
In der Struktur einer Datenverarbeitungsanlage unterscheidet man *Hauptspeicher* (Arbeitsspeicher), *Register* und *externe Speicher*. Da alle Informationen sich zurückführen lassen
auf Binärkombinationen, ist es möglich, im Digitalrechner als Speichergrundelement Binär-
speicher zu verwenden, die nur zwei mögliche Speicherzustände besitzen. Im folgenden
werden die wichtigsten der gebräuchlichen Speicherelemente kurz dargestellt. Je nach dem,
ob es sich um den Arbeitsspeicher, ein Register oder um externe Speicher handelt, werden
dabei unterschiedliche Gesichtspunkte für ihre Auswahl zu berücksichtigen sein.
Für Register gilt, daß sie nur eine begrenzte Kapazität besitzen, jedoch einen schnellen
Arbeitsablauf gestatten müssen. Hierfür werden in der Regel Flipflops aus Halbleiterbausteinen verwendet. (Abb. 1.9)

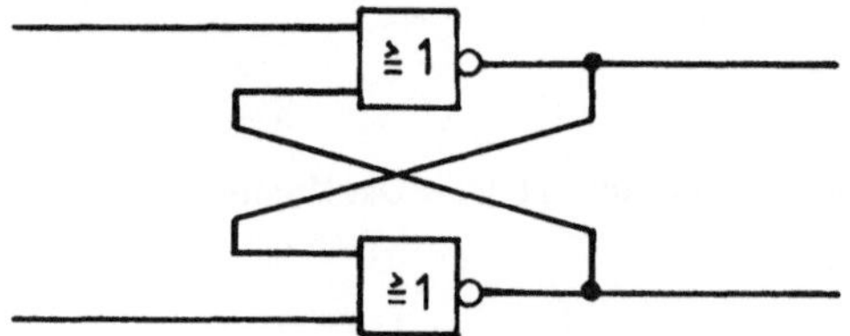

Abb. 1.9
Flipflop-Speicher

Der Arbeitsspeicher hat sowohl das Programm wie auch größere Datenmengen zu speichern und muß daher eine entsprechend große Kapazität besitzen. Üblich sind Arbeitsspeicherkapazitäten von 8K bis 256K, (1K = 1024 Byte). Entscheidend ist, daß jede im Arbeitsspeicher enthaltene Information stets im freien Zugriff direkt angesprochen werden kann. Für den Arbeitsspeicher wurden bisher vorwiegend Magnetkernspeicher verwendet. In zunehmendem Maße werden heute jedoch auch schon Halbleiterspeicher für diesen Zweck eingesetzt.

Externe Speicher haben die Aufgabe, größere Datenmengen zu archivieren. Dabei handelt es sich in der Regel um Programme oder Datenbestände, die nicht jederzeit verfügbar sein müssen. Zu ihrer Verarbeitung werden diese Daten in den Arbeitsspeicher übertragen. Für externe Speicher kommen daher insbesondere billige Massenspeicher in Frage, die es gestatten, mit einer noch vertretbaren Zugriffszeit Datenbestände an beliebiger Stelle des Speichers ansprechen zu können. Hierfür eignen sich besonders Magnettrommel- und Magnetplattenspeicher. Wenn es möglich ist, die Daten sequentiell zu verarbeiten, kommen auch Magnetbandspeicher dafür in Frage.

1.4.1 Halbleiterspeicher

Die aus der digitalen Steuerungstechnik bekannten Flipflop-Speicher stellen Informationsspeicher für jeweils 1 Bit dar. Sollen mehrstellige Binärinformationen auf diese Weise gespeichert werden, so müssen entsprechend viele Flipflops zu einem Register zusammengefaßt werden.

Flipflop-Speicher in bipolarer Technik bedingen einen verhältnismäßig hohen Hardwareaufwand und sind dementsprechend teuer. Sie werden in der Zentraleinheit von Rechenanlagen im Rechenwerk und zum Abspeichern von Zwischenresultaten verwendet. Ihr Vorteil liegt in der besonders hohen Arbeitsgeschwindigkeit.

Mit der Entwicklung der Mikroprozessortechnik gelangen die Halbleiterspeicher jedoch zu besonderer Bedeutung auch als Arbeitsspeicher. Dabei werden zur Zeit hauptsächlich Speicherbausteine in MOS-Technologie verwendet (Metall mit einer Oxydzwischenschicht auf Siliziumscheiben). Die außerordentlich hohe Integrationsdichte, die sich mit dieser Technik erreichen läßt, erlaubt heute schon die Unterbringung von 16K Bit Arbeitsspeichern in einem Halbleiterchip. Es ist damit zu rechnen, daß die weitere Entwicklung der nächsten Jahre zu noch wesentlich größeren Speicherkapazitäten führen wird. Dabei kommt eine besondere Bedeutung einer neueren Entwicklung von Halbleiterspeichern zu, bei denen zur Informationsspeicherung interne Kapazitäten benutzt werden.

Halbleiterspeicherbausteine in MOS-Technologie werden in Mikrocomputersystemen für folgende Zwecke eingesetzt:

— *Schreiblesespeicher*
  Das RAM (Random Access Memory) ist ein Schreiblesespeicher, bei dem jede Speicherstelle adressierbar ist und jederzeit gelesen, gelöscht und neu beschrieben werden kann.

— *Festspeicher*
  Das ROM (Read Only Memory) ist ein freiaddressierbarer Festspeicher. Über eine Metallisierungsmaske wird dem Baustein eine feste Information eingegeben. Im Gegensatz zum RAM geht diese beim ROM bei Stromausfall nicht verloren, ist aber auch nicht abänderbar.

— *Programmierbare Festspeicher*
  Das PROM (Programmable ROM) ist ein Festspeicher, den der Anwender mit einem
  Programmiergerät selbst elektrisch programmieren kann, meist durch gezieltes Durch-
  brennen von Diodenstrecken.

— *Löschbare und wieder programmierbare Festspeicher*
  Das EPROM (Erasable PROM) oder REPROM (Re-programmable ROM) kann mit Hilfe
  von ultraviolettem Licht gelöscht und mit einem Programmiergerät wieder neu programmiert werden.

1.4.2 Magnetkernspeicher (Abb. 1.10 bis 1.12)

Das Grundelement des Magnetkernspeichers ist ein kleiner Ringkern aus einem hoch-
remanenten Ferritmaterial. Durch Zusammenfassen entsprechend vieler Ringkerne in
einer Matrix lassen sich zu einem vertretbaren Preis Speicher mit hoher Speicherkapazität
bauen, die eine verhältnismäßig hohe Zugriffsgeschwindigkeit besitzen. Das Einschreiben
einer Information geschieht in der Weise, daß man einen Strom durch einen Schreibdraht
schickt, der durch den betreffenden Ringkern führt. Auf diese Weise wird das Eisen bis
zur Sättigung magnetisiert und verharrt anschließend infolge seiner Remanenz in diesem
Magnetisierungszustand. Will man die Information wieder herauslesen, so wird nochmals
ein Strom durch den Draht geschickt. Erfolgt keine Ummagnetisierung des Kerns, so war
bereits vorher eine Information hineingeschrieben, wohingegen eine Ummagnetisierung
ein Kennzeichen dafür ist, daß in diesem Kern keine Information enthalten war. Das Um-
magnetisieren des Kerns wird in einem weiteren Lesedraht registriert, in dem dann jeweils
ein Spannungsimpuls auftritt. Da bei diesem Lesevorgang die eingespeicherte Information
zerstört wird, muß sie anschließend wieder eingeschrieben werden. Die Zeitdauer für
Lesen mit Wiederschreiben nennt man Zykluszeit. Moderne Datenverarbeitungsanlagen
arbeiten mit Zykluszeiten im Nanosekundenbereich.

1.4.3 Magnettrommelspeicher (Abb. 1.13)

Magnettrommel-, Magnetplatten- und Magnetbandspeicher arbeiten im Prinzip wie ein
Tonbandgerät, bei dem eine magnetisierbare Schicht durch einen Schreibkopf positiv oder
negativ magnetisiert und so mit Binär-Informationen beschrieben wird. Bei einem Trommel-
speicher ist diese Schicht auf dem Umfang eines ständig rotierenden Zylinders angeordnet.
Sie ist in axialer Richtung in Spuren unterteilt, über denen die Magnetköpfe angeordnet
sind. Der Umfang ist in mehrere Sektoren gegliedert. Man unterscheidet serielle Informationsverarbeitung, bei der die Bit eines Speicherwortes auf einer Spur hintereinander auf
einem Sektor liegen und Parallelverarbeitung, bei der in jedem Sektor nur ein Bit eines
Wortes vorhanden ist. Über entsprechend viele Köpfe werden alle Bit des Wortes gleichzeitig aus den einzelnen Spuren gelesen.

1.4.4 Magnetplattenspeicher

Hinsichtlich seiner Speicherkapazität steht der Magnetplattenspeicher zwischen dem
Trommel- und dem Magnetbandspeicher. Als Datenträger finden magnetisierbare Platten
Verwendung, bei denen in der Regel beide Plattenseiten zur Aufzeichnung verwendet

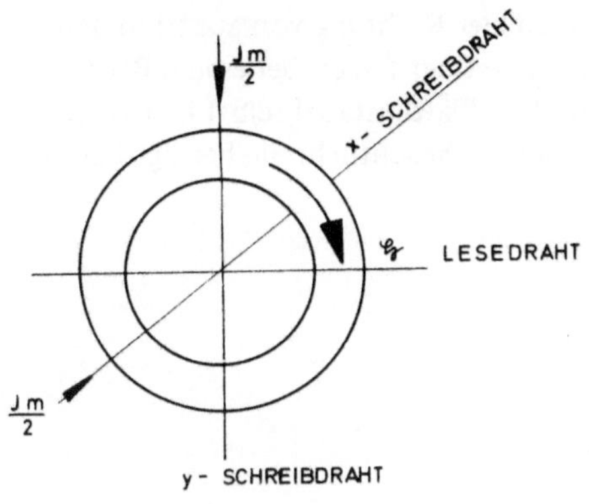

Abb. 1.10 Magnet-Ringkern

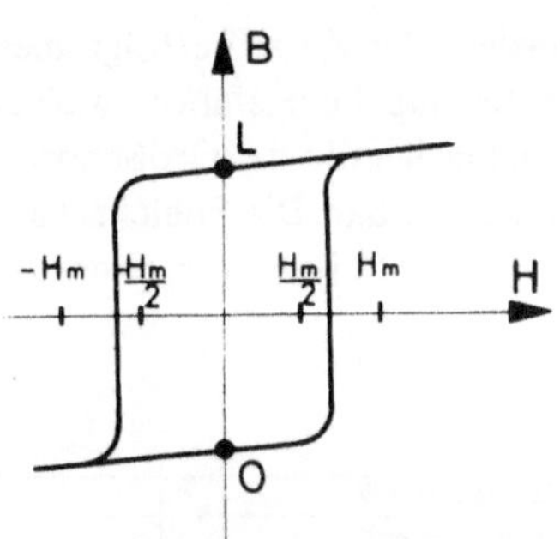

Abb. 1.11 Hystereseschleife eines Magnetringkerns

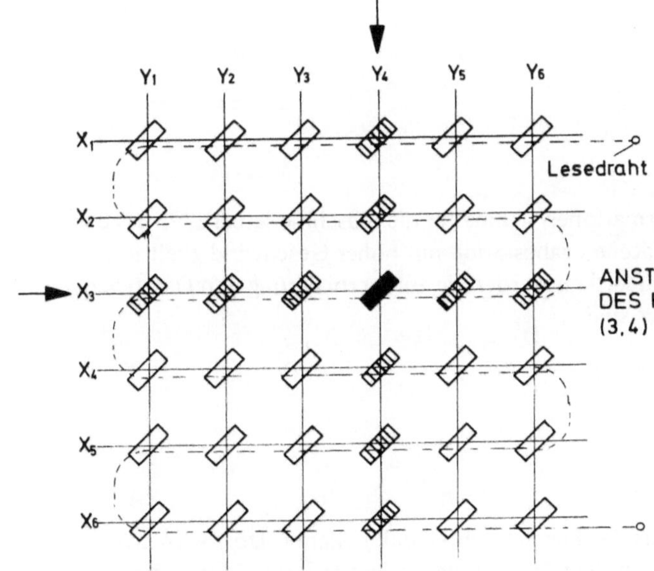

Abb. 1.12
Kernspeichermatrix
aus 6 × 6 Ringkernen

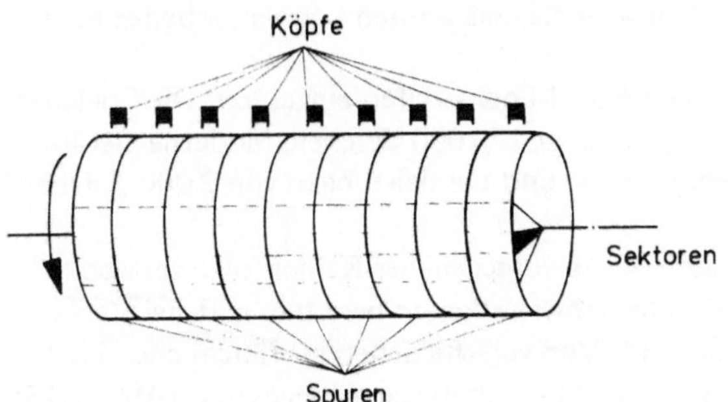

Abb. 1.13
Magnettrommelspeicher

werden. Der Zugriff erfolgt über Magnetköpfe, die in radialer Richtung von außen in den
Plattenstapel eingefahren werden (Abb. 1.14). Die mittlere Zugriffszeit bei einem Platten-
speicher liegt in der Größenordnung von etwa 100 ms. Der Plattenstapel selbst ist meistens
auswechselbar. Die Speicherkapazität eines Plattenstapels ist beachtlich. Sie beträgt heute
bis zu 120 M Byte je Plattenstapel.

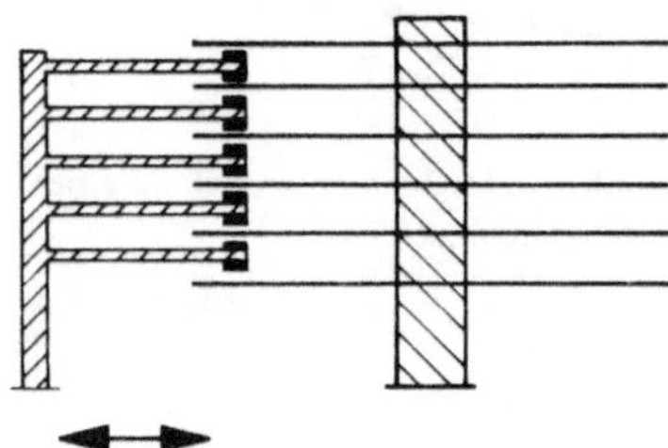

Abb. 1.14
Magnetplattenspeicher

1.5 Datenträger

Datenträger dienen dazu, die Informationen in eine für die Maschine lesbare Form zu
bringen, um sie sodann über die Dateneingabestation mit hoher Geschwindigkeit in den
Speicher der Maschine zu lesen. Außerdem werden sie zur Archivierung von Daten verwendet. Gebräuchliche Datenträger sind:

— Lochstreifen
— Magnetband
— Lochkarte
— Magnetkarte
— Markierungsbeleg

Der Lochstreifen ist seit langem aus der Fernschreibtechnik bekannt. Dort wird er in
5-Spur-Technik angewendet, d.h. auf dem Streifen liegen fünf Informationsspuren, auf
denen die Lochkombinationen entsprechend der Zeichencodierung ausgestanzt werden.
Da mit 5 Bit/Zeichen maximal nur 32 Zeichen verschlüsselt werden können, arbeitet man
mit Ziffern-/Zeichenumschaltung.
In der Datenverarbeitung werden vorwiegend 8-Kanal-Lochstreifen eingesetzt. Die Speicherkapazität eines Lochstreifens von 300 m Länge beträgt 120 000 Zeichen. Moderne Geräte
erreichen Stanzleistungen von 200 Zeichen/Sekunde und Leseleistungen von 2 000 Zeichen/
Sekunde.
Der Nachteil des Lochstreifens, daß die Daten nur in vorgegebener Reihenfolge verarbeitet
werden können und daß Korrekturen erhebliche Schwierigkeiten bereiten, tritt bei Verwendung von Lochkarten nicht in dem Maße auf. Von verschiedenen gebräuchlichen Loch-
kartenarten wird auch heute noch überwiegend die 80-Spalten-Karte eingesetzt. (Abb. 1.15)

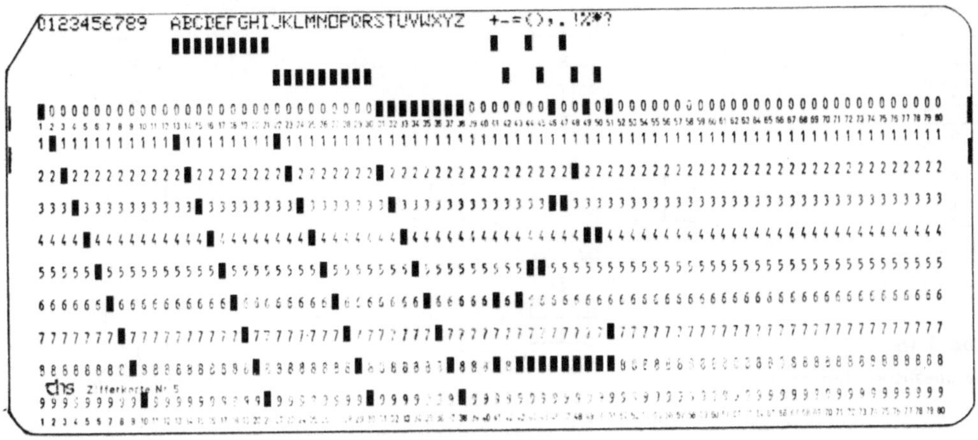

Abb. 1.15 80-Spalten-Lochkarte nach DIN 66012

1.6 Programmsteuerung

Konventionelle Automaten sind wegen ihrer individuell verdrahteten Verknüpfungslogik in der Lage, oftmals sehr komplexe Schaltvorgänge in einem Arbeitsgang auszuführen. Ein programmgesteuerter Automat dagegen ist von Natur aus so konzipiert, daß er in einem Arbeitsgang nur eine beschränkte, in sich abgeschlossene Standardoperation ausführen kann. Durch entsprechendes Aneinanderreihen solcher Standardfunktionen lassen sich dann wieder alle gewünschten, teilweise sehr komplexen Zusammenhänge herstellen. Die Liste aller nacheinander auszuführenden Einzeloperationen stellt das Programm dar, welches in geeigneter Form in der Anlage gespeichert sein muß.

1.6.1 Programmstrukturen

Je nach der Art der geforderten Informationsverarbeitung sind verschiedene Programmstrukturen zu unterscheiden, die im folgenden kurz skizziert werden. Das einfachste Programm ist das Geradeausprogramm. Alle Maschinenoperationen laufen dabei in einer vorher festgelegten Reihenfolge ab. Die Anzahl der einzelnen Programmschritte (Befehle) ist gleich der Anzahl der Maschinenoperationen. Anschaulich läßt sich der Programmlauf in einem Ablaufdiagramm (Abb. 1.16) darstellen. Solche Ablaufdiagramme sind ein wichtiges Hilfsmittel bei der Projektierung und Programmierung. Auf ihre Darstellung und die verwendeten Symbole wird im Abschnitt 2.2 näher eingegangen.

Bekanntlich ist es möglich, mit einfachen Verknüpfungssteuerungen der Digitaltechnik logische Entscheidungen aus dem Vergleich zweier Informationen zu treffen. Macht man hiervon Gebrauch, so eröffnet sich die Möglichkeit, den Programmablauf von dem jeweiligen Informationszustand abhängig zu machen und ihn gegebenenfalls zu variieren. Denken

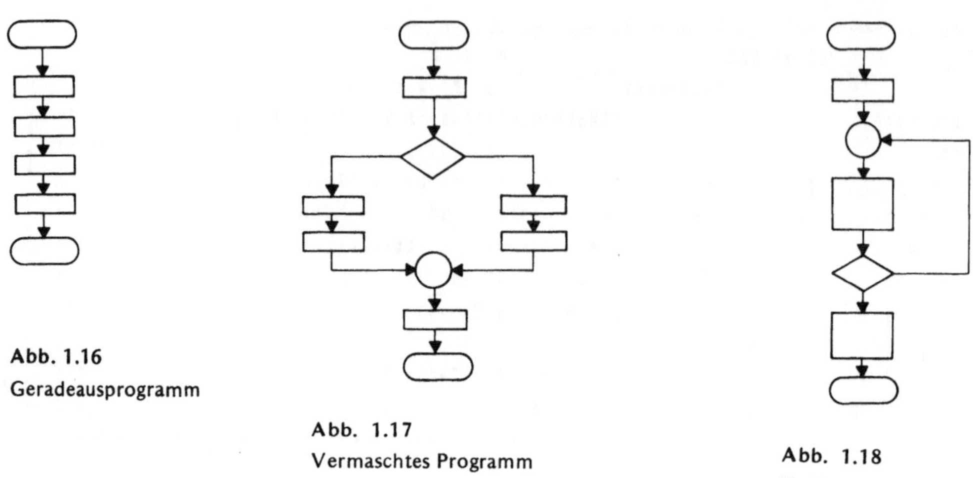

Abb. 1.16
Geradeausprogramm

Abb. 1.17
Vermaschtes Programm

Abb. 1.18
Zyklisches Programm

wir beispielsweise an die Überwachung einer Meßstelle in einem technischen Prozeß, so
wird die Abfrage „ist der Meßwert größer als der obere Grenzwert dieser Meßstelle?"
(was technisch auf den Vergleich zweier Dualzahlen hinausläuft) zu einer eindeutigen
logischen Aussage JA oder NEIN führen. Im letzten Fall würde das Programm zum nächsten Programmschritt weitergehen, im ersten Fall müßte ein Alarm ausgelöst werden.
Programmverzweigungen dieser Art führen zu vermaschten Programmen (Abb. 1.17).
Sollen gleichartige Operationen möglicherweise mit veränderten Daten in ständiger Wieder-
holung ablaufen, so ist dies sehr einfach dadurch möglich, daß man nach einer Verzwei-
gung zu einem früheren Programmschritt zurückkehrt, von dem aus dann das bereits einmal ausgeführte Programm wiederholt wird. Erst die Anwendung solcher zyklischer Programme (Abb. 1.18) schafft die Grundlage für eine rationelle Anwendung elektronischer
Datenverarbeitungsanlagen. Ist es jetzt doch beispielsweise möglich, mit einem relativ
kurzen, kompakten Programm eine beliebige Anzahl von Meßstellen eines technischen
Prozesses zu überwachen. Es braucht nur die Anzahl der Schleifendurchläufe im Programm
gleich der Anzahl der zu überwachenden Meßstellen gemacht zu werden.

1.6.2 Der Maschinenbefehl

Die Liste aller Einzeloperationen, die eine Datenverarbeitungsmaschine auszuführen in der
Lage ist, wird Befehlsliste genannt. Ein jeder Befehl muß mindestens zwei Angaben ent-
halten, nämlich eine Operationsanweisung, die die Art der Operation festlegt und eine
Zusatzanweisung, die nähere Spezifikationen enthält. Da die meisten Befehle sich auf die
Verarbeitung von Informationen beziehen, die in Speichern des Arbeitsspeichers enthalten
sind, muß in der Zusatzanweisung die entsprechende Speicherplatznummer (Adresse) ent-
halten sein. Aus diesem Grunde nennt man diese zweite Angabe des Befehls auch seinen
Adressteil.

Ein Additionsbefehl sieht beispielsweise so aus:

ADDIERE	145

Operationsteil   Adressteil

Befehle dieser Art mit nur einer Adressangabe heißen Einadressbefehle. Anweisungen, die sich auf die Inhalte zweier Speicher beziehen, wie zum Beispiel alle Rechen- und Transportbefehle, müssen dabei grundsätzlich mit einem Vorzugsspeicher, dem Akkumulator ausgeführt werden. Der vorstehende Befehl hätte dann die Bedeutung, daß der Inhalt des Speichers 145 zum Inhalt des Akkumulators addiert wird. Die Summe würde dann anschließend im Akkumulator erscheinen. Das Laden des Akkumulators mit dem zweiten Operanden hätte vor der Addition beispielsweise mit folgendem Befehl geschehen können:

LIES 57

was bedeutet, daß der Inhalt der Speicherzelle 57 in den Akkumulator zu laden ist. Soll das Resultat anschließend in einen dritten Speicher transportiert werden, so müßte ein dritter Befehl folgen:

SPEICHERE 96

Man sieht, daß die gewünschte Informationsverarbeitung in so viele Einzelschritte zu zerlegen ist, wie sie mit der vorhandenen Rechenanlage entsprechend ihrer Befehlsliste ausführbar sind.
Sowohl die Operationsanweisung wie auch der Adressteil des Befehls sind in binärverschlüsselter Form im Befehlsspeicher niedergelegt. Durch Verlängern eines solchen Befehlswortes (Maschinenwortes) lassen sich in einem Befehl auch mehrere Adressangaben unterbringen. Man spricht dann von Mehradressmaschinen. Die Programme können dann entsprechend kürzer werden, wie die folgende Gegenüberstellung zeigt:

Einadressmaschine	Zweiadressmaschine	Dreiadressmaschine
LIES 57 ADD 145 SPEICH 96	ADD 57, 145 SPEICH 96	ADD 57, 145, 96

1.6.3 Programmablauf

Der Aufbau eines Digitalrechners gliedert sich, wie schon in Abschnitt 1.1 dargestellt wurde, in seiner primitivsten Form grundsätzlich in drei Bereiche: Informationseingabe, Informationsverarbeitung und Informationsausgabe. Sieht man einmal von zusätzlichen Peripheriegeräten ab, so läßt sich die Zentraleinheit, in der die Informationsverarbeitung erfolgt, wiederum in drei Einheiten aufgliedern: Steuer- oder Leitwerk, Speicherwerk und Verarbeitungs- oder Rechenwerk. (Abb. 1.19)
Das Leitwerk ist die zentrale Steuereinheit, die mittels einer Taktsteuerung die einzelnen Arbeitsvorgänge auslöst. Dazu gehört, daß die Befehle in der richtigen Reihenfolge aus

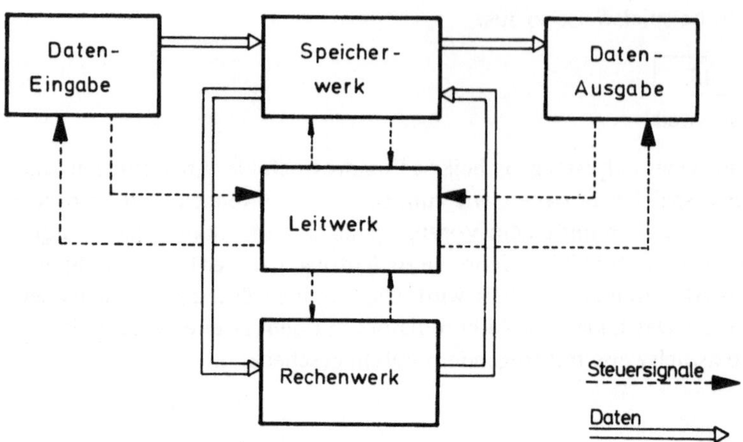

Abb. 1.19 Aufbau eines Digitalrechners

dem Speicher geholt werden, ihre Bedeutung entschlüsselt und ihre Ausführung veranlaßt
und überwacht wird. Zu diesem Zweck benutzt das Leitwerk zwei Hilfsregister, das Befehlsregister und das Befehlszählregister (Abb. 1.20).
Nehmen wir einmal an, ein zur Ausführung anstehendes Programm stünde ab Adresse 100
fortlaufend im Arbeitsspeicher. Dann müßte zunächst einmal das Befehlsregister mit der
Adresse 100 geladen werden. Jetzt wird der in Adresse 100 gespeicherte Befehl in das Befehlsregister übertragen. In weiteren Schritten erfolgt anschließend die Entschlüsselung
des Befehls und zwar zunächst einmal die Entschlüsselung des Operationsteils und danach
die Entschlüsselung des Adressteils. Sind die durch die Adreßangabe definierten Daten-
kanäle hardwaremäßig durchgeschaltet, so kann die Operation ausgeführt werden. Nach
Ausführung des Befehls wird das Befehlszählregister um 1 erhöht, worauf sich dann der-
selbe Arbeitsablauf mit dem folgenden Befehl wiederholt.
An Verzweigungsstellen des Programmablaufs werden Sprungbefehle in das Programm
eingebaut. Diese geben an, bei welcher Befehlsadresse das Programm fortzusetzen ist.
Erkennt das Leitwerk aus der entsprechenden Operationscodierung den Sprungbefehl,
so wird der im Adressteil des Befehls stehende Zahlenwert in das Befehlszählregister eingetragen. Damit ist die Ausführung dieses Befehls bereits beendet und das Programm kann
nun an der angegebenen Adresse fortgesetzt werden.
Ohne auf weitere Einzelheiten der Technik eines Computers einzugehen, wird aus dem
geschilderten Arbeitsablauf des Leitwerks bereits deutlich, daß auch die internen Vorgänge einer Datenverarbeitungsmaschine programmgesteuert ablaufen, wobei auch hier

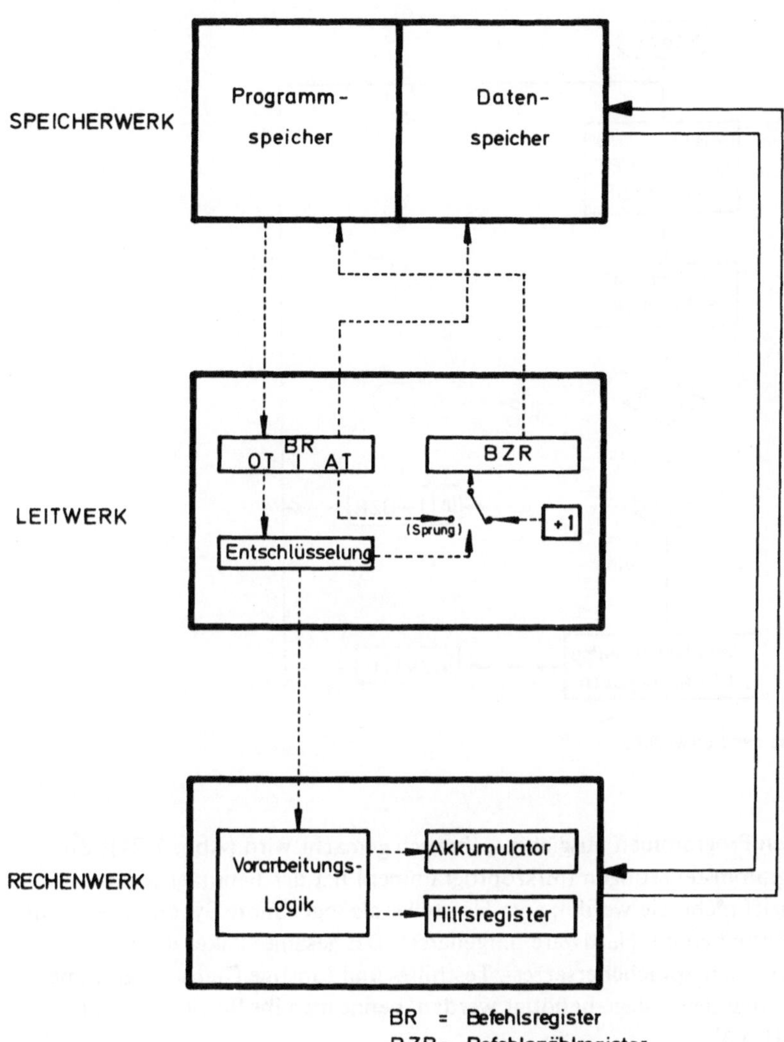

Abb. 1.20 Aufbau der Zentraleinheit

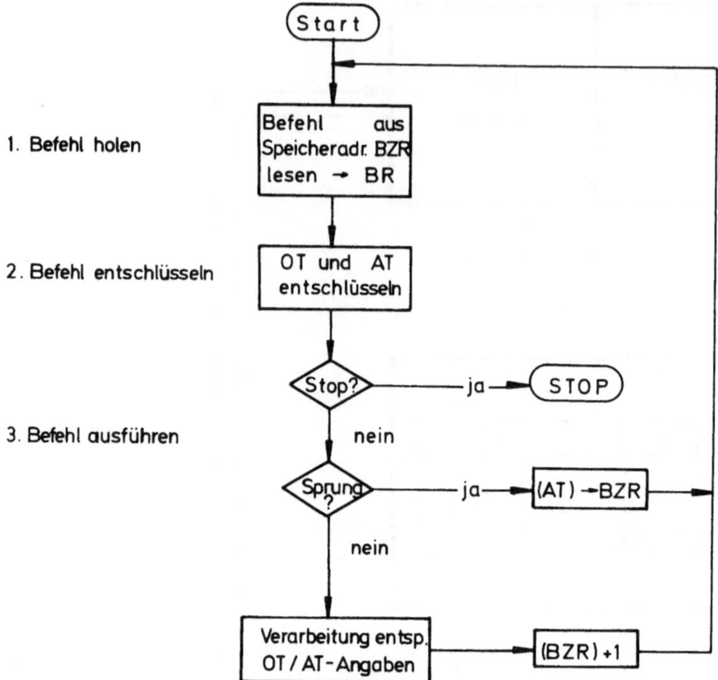

Abb. 1.21 Arbeitsweise des Leitwerkes

wieder von zyklischen Programmen ausgiebig Gebrauch gemacht wird (Abb. 1.21). Zu
diesen internen Programmsteuerungen (Mikroprogrammen) hat der Benutzer jedoch
keinen direkten Zugriff mehr, sie werden vom Hersteller als sogenannte Systemprogramme
zum funktionellen Betreiben der Hardware mitgeliefert. Das gesamte Paket der Systemprogramme, zu denen auch Sprachübersetzer-, Testhilfe- und sonstige Dienstprogramme
gehören, die zum Betrieb der Anlage benötigt werden, nennt man ihr Betriebssystem
(siehe auch Abschnitt 5.4).

1.6.4 Befehlsliste

Jeder Rechner kann nur eine bestimmte Anzahl von Befehlen, für deren Bearbeitung seine
Hardware ausgelegt ist, ausführen. Die Zusammenstellung dieser Instruktionen nennt man
seine Befehlsliste. Im Grunde genommen genügen schon weniger als 20 Anweisungen, um
alle erforderlichen Programmschritte durchführen zu können. Dabei müssen dann allerdings
oftmals umständliche Folgen vieler Einzelanweisungen zur Lösung einfacher Aufgaben erstellt werden. Einen solchen Mindestvorrat von Maschinenanweisungen enthält die Befehlsliste der Abb. 1.22 für einen einfachen Digitalrechner. Wir wollen später einfache Pro-
grammierbeispiele mit dieser Befehlsliste lösen und werden dann noch auf die nähere Be-
schaffenheit dieses Modellrechners und seine Befehle eingehen (siehe Abschnitt 2.6).

Befehlsart	Schreib-weise	Bedeutung
Transfer-befehle	LAD w	**Laden des Akkumulators** Der Inhalt der Arbeitsspeicherzelle w (Adresse) wird in den Akkumulator übertragen.
	SPE w	**Speichern** Der Inhalt des Akkumulators wird in die Arbeitsspeicherzelle w (Adresse) übertragen.
	EIN w	**Eingabe** Der Inhalt der Digitaleingabe wird in den Akkumulator und in die Arbeitsspeicherzelle w (Adresse) übertragen.
	AUS w	**Ausgabe** Der Inhalt der Arbeitsspeicherzelle w (Adresse) wird in das Digital-ausgaberegister übertragen.
Arith-metische Befehle	ADD w	**Addition** Der Inhalt der Arbeitsspeicherzelle w (Adresse) wird zum Akkumulator-inhalt addiert.
	KPL	**Komplementieren** Der Akkumulatorinhalt wird komplementiert (2er Komplement)
Logische Befehle	UND w	**UND** Der Inhalt des Akkumulators wird mit dem Inhalt der Arbeitsspeicher-zelle w (Adresse) im Sinne des „logischen UND" verknüpft.
	ODR w	**ODER** Der Inhalt des Akkumulators wird mit dem Inhalt der Arbeitsspeicher-zelle w (Adresse) im Sinne des „logischen ODER" verknüpft.
Verschiebe-befehle	VLL	**Verschiebe logisch links** Der Akkumulatorinhalt wird um 1 Bit nach links verschoben. Von rechts werden Nullen nachgezogen. Die Vorzeichenstelle wird wie jede andere Bitstelle behandelt.
	VLR	**Verschiebe logisch rechts** Der Akkumulatorinhalt wird um 1 Bit nach rechts verschoben. Von links werden Nullen nachgezogen. Die Vorzeichenstelle wird wie jede andere Bitstelle behandelt.
Sprung-befehle	SPR a	**Springe** Das Programm wird mit dem Befehlswort a (Programmspeicheradresse) fortgesetzt.
	SGN a	**Springe falls Akkumulator gleich Null** Ist der Inhalt sämtlicher Akkumulatorbitstellen gleich Null, so wird das Programm mit dem Befehlswort a (Programmspeicheradresse) fortge-setzt. Ist der Akku-Inhalt ungleich Null, so wird das Programm mit dem auf den SGN-Befehl folgenden Befehlswort fortgesetzt.
	SAM a	**Springe falls Akkumulator minus** Ist die Stelle 1 (links) des Akkumulators mit Eins gesetzt (negatives Vorzeichen), so wird das Programm mit dem Befehlswort a (Programm-speicheradresse) fortgesetzt. Anderenfalls wird das Programm mit dem auf den SAM-Befehl folgenden Befehlswort fortgesetzt.
	SUL a	**Springe falls Überlauf** Ist das Überlaufregister mit Eins gesetzt, so wird das Programm mit dem Befehlswort a (Programmspeicheradresse) fortgesetzt und der Überlauf gelöscht. Anderenfalls wird das Programm mit dem auf den SUL-Befehl folgenden Befehlswort fortgesetzt.
Organisa-torische Befehle	STP	**Stop** Das Programm wird gestoppt.

Abb. 1.22 Befehlsliste eines einfachen Digitalrechners

Die Befehlslisten verschiedener Rechner weisen gewisse Ähnlichkeiten auf. Grundsätzlich enthalten sie stets folgende Gruppen von Maschinenbefehlen:

— Transfer-Befehle
— arithmetische Befehle
— logische Befehle
— Verschiebebefehle
— Sprungbefehle
— organisatorische Befehle

Vergleicht man beispielsweise die Befehlslisten zweier Einadreßrechner miteinander, so stellt man fest, daß die für einen bestimmten Rechnertyp geschriebenen Programme größtenteils durch wörtliche Übersetzung auf die Schreibweise der Befehlsliste eines anderen Rechners umgeschrieben werden können. Dieses ist um so eher möglich, wenn eine Befehlsliste zugrundegelegt wird, die möglichst wenig rechnerspezifische Befehle enthält.

Die in diesem Buch behandelten Beispiele und Aufgaben in maschinennaher Programmierung können aus den geschilderten Gründen immer nur für eine bestimmte Maschinentype dargestellt werden. Entscheidend sind jedoch die grundsätzlichen Problemlösungen und Methoden der Programmierung; die Programme werden, soweit es möglich ist, zunächst mit der hier vorgestellten einfachen Befehlsliste erstellt. Sie lassen sich dann ohne Schwierigkeiten in jedes andere Maschinenprogramm übersetzen.

2 Programmierung

Anders als bei einem festverdrahteten Automaten stellt die Hardware einer Datenverarbeitungsanlage allein noch keine funktionsfähige Einheit dar. Erst durch das Programm wird daraus eine betriebsfähige Anlage. Für viele immer wiederkehrende und bei allen Anwendern auch gleichartige Aufgabenstellungen gibt es Standardprogramme, die in der Regel vom Hersteller einer Datenverarbeitungsanlage kostenlos oder gegen eine Schutzgebühr mitgeliefert werden. Hierzu rechnen neben Dienstprogrammen und Übersetzerprogrammen vor allem auch zahlreiche Anwenderprogramme, wie beispielsweise Lohn- und Gehaltsabrechnungsprogramme und Überwachungsprogramme in der Prozeßrechentechnik. Unterschiedliche Aufgabenstellungen bei den verschiedenen Anwendern machen es jedoch erforderlich, daß die Standardprogramme diesen angepaßt werden müssen. Darüberhinaus sind für spezielle Aufgabengebiete in jedem Fall eigenständige Anwenderprogramme zu erstellen. Letzteres trifft wegen der unterschiedlichen Prozeßtechnologien insbesondere auf Prozeßrechenanwenderprogramme zu. Es ist daher für die Benutzer von Datenverarbeitungsanlagen und vor allem für den Benutzer eines Prozeßrechners neben der genauen Kenntnis der prozeßtechnischen Abhängigkeiten und Zusammenhänge unbedingt eine Grundlagenkenntnis in der Programmierung seiner Datenverarbeitungsanlage erforderlich.

Bei der Entwicklung eines Programms ist es zweckmäßig, systematisch vorzugehen. Zunächst ist zu untersuchen, ob die Aufgabe, um die es sich handelt, sinnvollerweise mit einer Datenverarbeitungsanlage bearbeitet werden kann. Nach dieser Problemanalyse, zu der auch eine Genauigkeits- und Wirtschaftlichkeitsuntersuchung gehören sollte, muß der Verarbeitungsablauf festgelegt werden. Erst dann kann mit der Programmierung begonnen werden, die letztlich mit dem Programmtest abgeschlossen wird.

2.1 Problemaufbereitung

Die vorbereitenden Untersuchungen nehmen oftmals viel Zeit in Anspruch. Je sorgfältiger sie aber durchgeführt werden, um so optimaler kann später die Verarbeitung erfolgen. Ein besonderes Problem stellt sich immer dann, wenn bereits in Betrieb befindliche Systeme nachträglich auf die elektronische Datenverarbeitung umgestellt werden sollen. Der in einem manuell geführten Betrieb oftmals zweckmäßige Arbeitsablauf ist für die maschinelle Datenverarbeitung sehr oft unzweckmäßig. Gelingt es nicht, hierfür konsequent Veränderungen durchzusetzen, wird später keine optimale Betriebsweise mit der Datenverarbeitung zu erreichen sein.

Ob eine bestimmte Aufgabe sinnvoll mit maschineller Datenverarbeitung gelöst werden kann, läßt sich schwer allgemein beantworten. Die hervorstechenden Eigenschaften der

Datenverarbeitungsanlagen lassen jedoch bestimmte Anwendungsgebiete deutlich werden, in denen sie vorteilhaft eingesetzt werden können. Die besonderen Merkmale solcher Anlagen liegen nämlich darin, daß sie eine einmal formulierte Aufgabe beliebig oft und mit hoher Verarbeitungsgeschwindigkeit und Präzision mit immer neuen Daten wiederholen können. Daraus eröffnen sich grundsätzlich drei typische Einsatzbereiche:

— *kommerzielle Anwendung:* Verarbeitung sehr großer Datenmengen
— *technisch wissenschaftliche Anwendung:* Durchführung komplizierter mathematischer Berechnungen mit hohem Rechenaufwand
— *prozeßtechnische Anwendung:* Erfassung zahlreicher Meßdaten und schnelle Reaktionen auf Zustandsänderungen in komplexen Systemen

Ohne auf Einzelheiten näher einzugehen, sollen kurz einige Gesichtspunkte für die Problemaufbereitung aufgezeigt werden. Zunächst einmal muß eine sorgfältige *Problemanalyse* durchgeführt werden. Bei kommerziellen Aufgabenstellungen bedeutet dies eine genaue Kenntnis der Verarbeitungsbedingungen (Buchhaltung, Lohn- und Gehaltsabrechnung, usw.), im technisch wissenschaftlichen Bereich der mathematischen Zusammenhänge und im prozeßtechnischen Bereich der Prozeßtechnologie. Mit anderen Worten, der Analytiker muß zunächst einmal Fachmann auf dem jeweiligen Anwendungsgebiet sein.
Nach der Problemanalyse ist ein geeignetes Verarbeitungsverfahren und der *Datenfluß* festzulegen.

Sieht man einmal von Prozeßrechnern ab, so werden die wenigsten Daten direkt, d.h. im Realtime-Betrieb in die Anlage eingespeist. In der Regel werden die Daten zunächst einmal gesammelt, auf geeignete Datenträger übertragen und dann über Dateneingabegeräte eingegeben. Da für die Verarbeitung meistens Informationen aus verschiedenen Betriebsabteilungen gebraucht werden, ist es sinnvoll, diesen Datenfluß in einem Datenflußplan darzustellen.

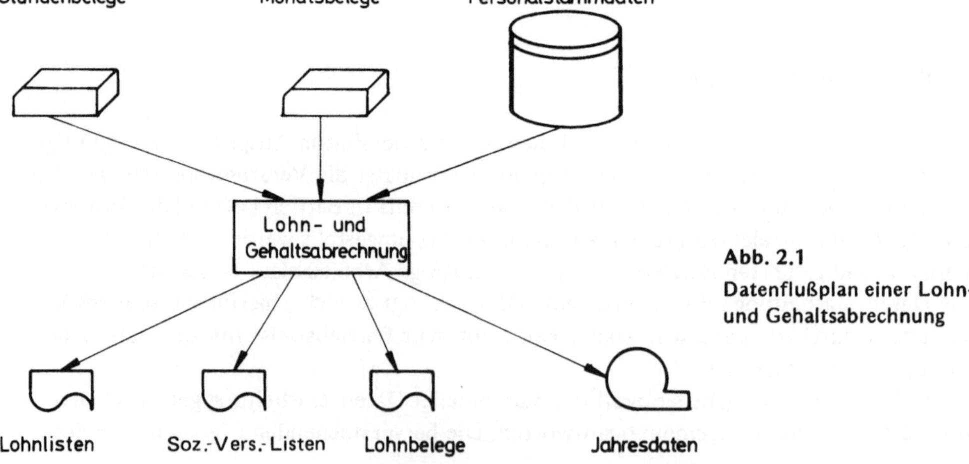

Abb. 2.1

Datenflußplan einer Lohn- und Gehaltsabrechnung

Der in Abb. 2.1 dargestellte Datenflußplan einer Lohn- und Gehaltsabrechnung zeigt beispielsweise, daß die im Laufe eines Monats entstandenen Stundenbelege zunächst einmal in einen Lochkartensatz übertragen werden. Sie werden dann gemeinsam mit den auf Lochkarten befindlichen Monatsbelegen, die beispielsweise Angaben über Sonderzahlungen, Abschläge usw. enthalten, und den auf Magnetplatten gespeicherten Personalstammdaten in der Lohn- und Gehaltsabrechnung verarbeitet. Die dabei gewonnenen Daten werden zum Teil auf Schnelldruckern in Form von Lohnbelegen sowie Listen für die Betriebsabteilungen, Sozialversicherungsträger usw. ausgegeben, zum Teil werden sie für die am Jahresende zu erstellenden Lohnkonten auf Magnetband gespeichert.

Dieses Beispiel soll lediglich deutlich machen, was unter dem Datenfluß zu verstehen ist und welche Überlegungen nötig sind, ehe an die eigentliche Datenverarbeitung herangegangen wird. Es wurde deshalb etwas vereinfacht und stellt noch keinen endgültigen Lösungsfall für die Praxis dar.

In der Regel werden die anfallenden Daten zunächst einmal gesammelt und auf geeignete Datenträger gebracht, von denen sie dann in kurzer Zeit in die Anlage übertragen werden können. Ein solches Verarbeitungsverfahren gewährleistet eine verhältnismäßig hohe Auslastung der Datenverarbeitungsanlage im Rechenzentrum, weil die Daten gewissermaßen gestapelt werden können. Man spricht dabei auch von *Stapelverarbeitung* (batch-processing).

Gewisse Aufgabenstellungen lassen eine solche Arbeitsmethode jedoch nicht zu. Soll beispielsweise ein technischer Prozeß durch einen Rechner überwacht und gelenkt werden, so müssen die Daten in dem Augenblick, in dem sie anfallen, auch verarbeitet werden. Diese Betriebsweise nennt man *Echtzeitbetrieb* (real-time processing).

Echtzeitprobleme gibt es nicht nur bei Prozeßrechnern, sondern auch in der kommerziellen Datenverarbeitung. Ein solches Beispiel bietet das Platzbuchungsverfahren für Bahn- und Flugreisen, bei dem von verschiedenen Stellen aus in einem zentralen Rechner eine Platzreservierung vorgenommen wird. Der Reisende erhält sofort nach der Eingabe seines Buchungswunsches die Rückmeldung, ob der Platz vorhanden ist und den Reservierungsbeleg. Da diese Buchungsstellen oft räumlich weit vom zentralen Rechner entfernt liegen, werden sie über Datenendstationen, sogenannten Terminals, im *Datenfernverarbeitungsverfahren* angeschlossen.

Die *Anlagenauswahl* hat zu entscheiden, welche Gerätetypen für die gestellte Aufgabe am geeignetsten sind. Außerdem muß festgelegt werden, welche Peripheriegeräte erforderlich sind. Die vom Hersteller angebotene Standardsoftware kann dabei unter Umständen mitentscheidend für die Anlagenauswahl sein.

Den Abschluß der Voruntersuchungen bildet eine *Genauigkeits- und Wirtschaftlichkeitsanalyse*. Hierzu gehört unter anderem auch die Entscheidung, ob eine Kauf- oder eine Mietanlage geeigneter ist. Mietanlagen haben den Vorteil, daß sie später leichter durch eine modernere Anlage zu ersetzen sind. Der monatliche Mietpreis, der gleichzeitig die Wartungskosten enthält, liegt in der Regel bei etwa 1/60 bis 1/40 des Kaufpreises. Es muß allerdings darauf hingewiesen werden, daß Zahlenvergleiche für Kauf- und Mietpreise verschiedener Anlagen mit Vorsicht zu betrachten sind, da nicht immer der Umfang der im Preis enthaltenen Software klar abgegrenzt ist. Während die Hardwarekosten in den letzten Jahren durch die Anwendung neuer Technologien allgemein erheblich gesenkt werden konnten, sind demgegenüber die Kosten für Software gestiegen.

2.2 Programmablaufplan

Die sich bei einer Problemaufbereitung ergebenden einzelnen Verarbeitungsaufgaben müssen anschließend in einzelne Programmschritte zerlegt werden, deren Aufeinanderfolge sinnvollerweise in einem Flußdiagramm dargestellt wird. Zum Aufstellen solcher Programmablaufpläne wurden Sinnbilder in DIN 66001 festgelegt, von denen die folgende Zusammenstellung die wichtigsten auszugsweise wiedergibt.

Sinnbild	Verwendung
	Operation, allgemein
	Verzweigung
	Unterprogramm
	Programm-Modifikation (z. B. das Stellen von programmierten Schaltern, das Setzen eines Merkers, oder das Ändern von Indexregistern)
	Operation von Hand (z. B. Formularwechsel, Bandwechsel, Eingriff des Operators bei Prozeßsteuerungen
	Eingabe, Ausgabe (manuell oder maschinell)
	Übergangsstelle
	Grenzstelle (Anfang, Ende, Zwischenstop)

2.3 Programmierung

Die Verarbeitungsfolge, wie sie im Programmablaufplan festgelegt ist, muß jetzt in eine Befehlsfolge übertragen werden. In den Anfängen der Datenverarbeitung mußte der Programmierer hierfür die Maschinensprache seines Rechners kennen und die Befehlsfolge in der codierten Form niederschreiben, wie sie im Speicher der Maschine zur Verarbeitung benötigt wird. Dieses Verfahren ist nicht nur sehr zeitaufwendig, sondern auch mit vielen Fehlerquellen behaftet. Man ist daher dazu übergegangen, dem Programmierer Hilfen in Form von Programmiersprachen zur Verfügung zu stellen. Diese Sprachen verwenden symbolische Anweisungen für die einzelnen Befehle. Damit aus solchen Anweisungen ein Maschinenbefehl wird, muß ein Übersetzer sie zunächst interpretieren und verschlüsseln. Solche Sprachübersetzer gehören heute zur Standardsoftware einer jeden größeren Datenverarbeitungsanlage.

Grundsätzlich sind zwei Arten von Programmiersprachen zu unterscheiden: *maschinenorientierte* und *problemorientierte* Sprachen. Bei der ersten Gruppe steht dem Programmierer eine symbolische Schreibweise der Maschinenbefehle zur Verfügung. Das heißt, er muß jeden einzelnen Befehl, wie er später in der Datenverarbeitungsanlage verarbeitet wird, hinschreiben, kann dafür jedoch eine symbolische Schreibweise verwenden. Nicht nur die Operationsangabe, sondern auch die im Befehl enthaltene Adreßangabe kann symbolisch formuliert werden. Für die letzteren darf der Programmierer eigene Symbole einführen. Damit kann die Verständlichkeit des Programms erheblich verbessert werden, wie der folgende Ausschnitt aus einem Fakturier-Programm zeigt:

```
LIES    STUECK
MULT    PREIS
ADD     SUMME
```

Die Übersetzer solcher maschinenorientierter symbolischer Sprachen heißen Assembler, und daher nennt man diese Sprachen auch *Assemblersprachen*. Sie sind grundsätzlich nur für einen bestimmten Anlagentyp zu verwenden und können nicht ohne weiteres auf andere Datenverarbeitungsanlagen übertragen werden, es sei denn, es handelt sich um ein Modell derselben Typenreihe, für das Kompatibilität besteht.

Gegenüber der Programmierung in Maschinensprache wird der Arbeitsaufwand durch die Verwendung einer Assemblersprache um etwa 50 % reduziert. Es sind jedoch immer noch sehr detaillierte Kenntnisse über die Hardware der jeweiligen Datenverarbeitungsanlage erforderlich, auf die die Befehlsfolge Rücksicht zu nehmen hat. Die Programmierung von Prozeßrechnern erfolgt auch heute noch vorwiegend in Assemblersprachen, weil an der Prozeßnahtstelle eine unmittelbare Kopplung zwischen Prozeß und Rechner-Hardware direkte Zugriffe erfordert, vor allem aber, weil Assemblerprogramme kürzer sind, als Programme in höheren Programmiersprachen. Damit beanspruchen sie weniger Speicherplatz und arbeiten schneller.

Durch den Übergang auf problemorientierte Programmiersprachen kann der Programmieraufwand auf durchschnittlich 30 % des Zeitaufwandes für ein Assemblerprogramm reduziert werden. Diese Sprachen sind anlagenunabhängig, so daß ihre Programme auf jeder Datenverarbeitungsanlage eingesetzt werden können, die einen entsprechenden Sprachübersetzer besitzt. Solche Übersetzer heißen Compiler, weshalb man die Sprachen auch *Compilersprachen* nennt. Neben Assemblern und Compilern werden auch Interpretierer eingesetzt, die die in höheren Programmiersprachen geschriebenen Anweisungen ausführen und somit interpretieren. Auch Compiler arbeiten häufig mit interpretierenden Elementen. Dabei werden Programmanweisungen nicht in eine konkrete Befehlsfolge im Maschinencode übersetzt, sondern in Angaben, deren Interpretation erst zum Zeitpunkt des Programmlaufs von einer entsprechenden Befehlsfolge übernommen wird. Häufig verwendete problemorientierte Programmiersprachen sind beispielsweise:

FORTRAN	(formula translation) — universell anwendbare Programmiersprache für technisch-wissenschaftliche Probleme sowie für allgemeine Datenverarbeitung
COBOL	(common business oriented language) — Sprache für kommerzielle Aufgaben
ALGOL	(algorithmik language) — Sprache für mathematische Probleme
PL/1	(programming language 1) — universelle Sprache für technische und kaufmännische Probleme
APL	(a programming language) — Sprache für Teilnehmerbetrieb in der Datenfernverarbeitung
PEARL	(process and experiment automation realtime language) — Sprache für Prozeßprogrammierung
APT	(automatically programmed tool) — Sprache zur Programmierung numerisch gesteuerter Werkzeugmaschinen
BASIC	(beginners all-purpose symbolic instruction code) — Kommandosprache, insbesondere in Teilnehmersystemen für Anwender ohne nähere Programmierkenntnisse

2.4 Programmübersetzung

Das auf einem Ablochformular niedergeschriebene Programm wird üblicherweise zunächst auf Lochkarten übertragen und dann in die Datenverarbeitungsanlage eingelesen. Mit Hilfe des Übersetzers (Assembler oder Compiler) wird daraus ein Programm in Maschinensprache erzeugt. Dieses Hauptprogramm, das zunächst nur einen Modul darstellt, muß anschließend mit den Unterprogrammen, die vom Programm selbst oder auch vom Compiler aufgerufen werden, zu einem ablauffähigen Gesamtprogramm zusammengebunden werden. Übersetzungs- und Bindelauf werden in der Regel unmittelbar nacheinander durchgeführt. Das so entstandene Maschinenprogramm wird anschließend auf einem Datenträger oder externen Speicher archiviert.

2.5 Programmlauf

Den Abschluß der Programmierung bildet der Programmlauf zum Zwecke des Programmtests. Hierzu muß das im Maschinencode vorhandene Programm in den Arbeitsspeicher der Datenverarbeitungsanlage geladen werden und anschließend mit entsprechenden Testdaten ablaufen. Der Programmtest erfordert sehr große Sorgfalt, denn es muß sichergestellt sein, daß selbst im unwahrscheinlichsten Sonderfall keine fehlerhaften Verarbeitungen stattfinden können.

2.6 Programmbeispiele

An Hand der im Abschnitt 1.6.4 vorgestellten Befehlsliste soll die Erstellung eines Programms für zwei einfache Aufgaben gezeigt werden.

▶ **Beispiel 1** Summe und Differenz zweier Zahlen

Zwei Zahlen A und B werden in zwei Speicherzellen des Arbeitsspeichers eingegeben. Ihre Summe und Differenz wird gebildet und in dafür vorgesehenen Speicherzellen abgespeichert.

Ablaufdiagramm

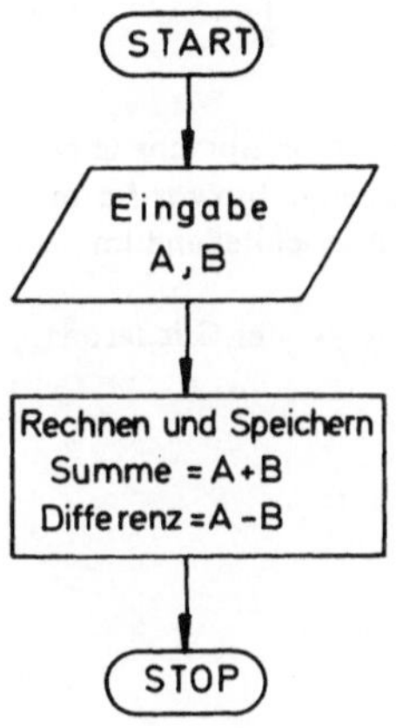

Programmierung

Bis hierher erfolgte die Problemlösung unbeeinflußt von der für die Bearbeitung vorgesehene Rechenanlage. Jetzt müssen, da die Programmierung in einer maschinengebundenen Sprache erfolgen soll, die Eigenheiten dieser Maschine Berücksichtigung finden. Da ihre Adreßangaben nur absolut und nicht symbolisch erfolgen dürfen, muß zunächst eine Übersicht über die Belegung und Adressierung der Arbeitsspeicherzellen geschaffen werden. Es soll davon ausgegangen werden, daß der Arbeitsspeicher hardwaremäßig in zwei getrennte Bereiche für Programm und Daten gegliedert ist, deren Adressierung jeweils mit der Speicheradresse 0 beginnt. Für den Programmteil sollen 32 Speicherzellen und für den Datenteil 8 Zellen zur Verfügung stehen.

Für die Datenspeicher wird folgende Belegung vorgesehen:

Speicherzelle	Inhalt
0	Wert A
1	Wert B
2	Summe A + B
3	Differenz A − B

Programm

| Befehlsadresse | Befehl | | Erklärung |
	Op.-Teil	Adr.-Teil	
0	EIN	0	Eingabe A → Speicher 0
1	EIN	1	Eingabe B → Speicher 1
2	LAD	0	Transfer A → Akku
3	ADD	1	Summe A+B im Akku
4	SPE	2	Transfer Summe → Speicher 2
5	LAD	1	Transfer B → Akku
6	KPL		−B → Akku
7	ADD	0	A−B → Akku
8	SPE	3	A−B → Speicher 3
9	STP		Stop

Programmübersetzung

Das in symbolischer Schreibweise erstellte Programm muß anschließend in die Maschinensprache übersetzt werden. Wie schon im Abschnitt 1.4 erläutert wurde, müssen die Informationen in binärer Form verschlüsselt sein, damit sie im Arbeitsspeicher des Digitalrechners gespeichert und anschließend im digitalen Schaltwerk verarbeitet werden können.

Für unseren angenommenen Rechner sei eine Wortlänge von 10 bit je Befehl mit folgender Gliederung vorgesehen:

Bit 1−4:   Operationscode
Bit 5:   Substitutions-Information
Bit 6−10:   Dualcode der Adreßangabe

Das übersetzte Programm hat dann folgende Gestalt

| symbolisches Programm | | Maschinenprogramm | | |
OT	AT	OT	S	AT
EIN	0	0 0 1 1	0	0 0 0 0 0
EIN	1	0 0 1 1	0	0 0 0 0 1
LAD	0	0 0 0 1	0	0 0 0 0 0
ADD	1	1 0 0 1	0	0 0 0 0 1
SPE	2	0 0 1 0	0	0 0 0 1 0
LAD	1	0 0 0 1	0	0 0 0 0 1
KPL		1 0 1 0	0	0 0 0 0 0
ADD	0	1 0 0 1	0	0 0 0 0 0
SPE	3	0 0 1 0	0	0 0 0 1 1
STP		0 0 0 0	0	0 0 0 0 0

▶ **Beispiel 2**

Berechnung der Summe einer Zahlenfolge aller Zahlen von 1 bis n. Wird beispielsweise n = 4 gesetzt, so ist die Summe

$1 + 2 + 3 + 4 = 10$

Derartige Programme werden sinnvollerweise als zyklische Programme geschrieben, wobei im vorliegenden Fall im Wiederholungszyklus die bis dahin errechnete Summe um 1 erhöht wird. Durch eine Abfrage muß anschließend geprüft werden, ob die Verarbeitung beendet ist oder ob noch ein weiterer Schleifendurchlauf erfolgen soll.

Ablaufdiagramm

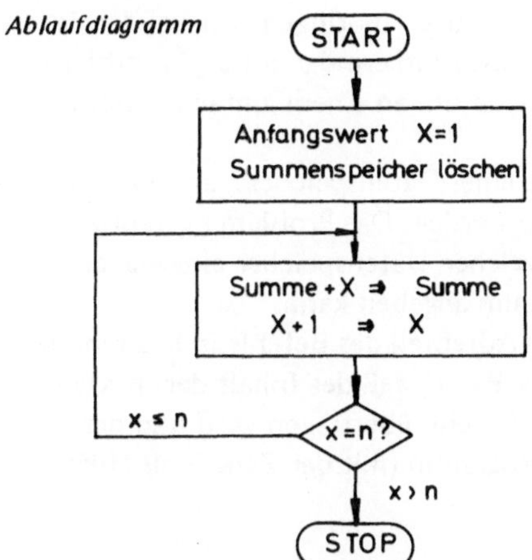

Speicherbelegung des Datenspeichers

Speicherzelle	Inhalt
0	n
1	Konstante 1
2	Summe
3	X

Wenn die Maschine keine Befehle besitzt, die es erlauben, Konstanten in bestimmte Speicher zu stellen, müssen die Vorbereitungsschritte (Anfangswert X = 1, Summenspeicher löschen) durch manuelle Dateneingaben ausgeführt werden.

Programm

Befehls-adresse	Befehl	Erklärung
0	EIN 0	Eingabe des Endwertes n nach Speicher 0
1	EIN 1	Eingabe der Konstanten 1 nach Speicher 1
2	EIN 2	Eingabe einer Null nach Speicher 2
3	LAD 1	1 → Akku
4	SPE 3	Anfangswert X = 1
5	LAD 2	Summe → Akku
6	ADD 3	Summe + X
7	SPE 2	neue Summe speichern
8	LAD 3	X → Akku
9	ADD 1	X + 1
10	SPE 3	neues X speichern
11	KPL	(−X) im Akku
12	ADD 0	n − X im Akku
13	SAM 15	Sprung, wenn Akku Minus (x > n!)
14	SPR 5	Schleifenwiederholung ab Befehl 5
15	AUS 2	Ausgabe (Summe) aus Speicher 2
16	STP	Stop

Für denjenigen, der tiefer in die Technik der Programmierung eindringen will, sei der Begriff der Adressensubstitution noch erläutert. Die Substitution ermöglicht es, Modifikationen im Adreßteil des Befehls vorzunehmen, was wiederum an einem einfachen Beispiel erläutert sei:

In einem Eingabeprogramm soll zunächst die Adresse eines Datenspeichers, anschließend der in diesem Speicher abzustellende Wert eingegeben werden. Das Problem besteht zunächst darin, daß der Programmierer nicht weiß, in welchen Datenspeicher eingegeben wird und demzufolge dessen Adresse nicht im Programm angeben kann.

Die Substitution wird damit gekennzeichnet, daß der Adreßteil des Befehls in Klammern gesetzt wird. Dadurch erfolgt eine Modifikation in der Weise, daß der Inhalt der in Klammern angegebenen Speicherzelle in den Adreßteil des Befehls übertragen wird und der Befehl jetzt zur Ausführung gelangt. Unser Eingabeprogramm (mit der Zelle 7 als Hilfsspeicher) sieht dann so aus:

```
EIN   7       Eingabe der Adresse nach Speicher 7
EIN  (7)      Eingabe des Wertes in den Speicher dessen Adresse im Speicher 7 zu finden ist.
STP
```

Durch derartige Substitutionen ist es beispielsweise möglich, Datenfelder aufzubauen, deren einzelne Speicherplätze durch einen Index anzusprechen sind, der sich auf die Anfangsadresse des Feldes bezieht. Sollen zum Beispiel vier Werte x_0, x_1, x_2, x_3 in den Speicherzellen 0, 1, 2, 3 untergebracht sein, so ist es möglich, einen bestimmten Wert mit seinem Index aufzurufen.

Der Index möge sich im Speicher 7 befinden. Dann lautet der Aufruf:

```
LAD (7)
```

Ist die Anfangsadresse des Feldes beliebig, so muß zunächst eine Adreßrechnung ausgeführt werden, indem der Index zur Anfangsadresse hinzuaddiert und diese Absolutadresse in einer Hilfszelle hinterlegt wird. Nehmen wir an, die Anfangsadresse des Feldes sei 3, also die Werte $x_0 \ldots x_3$ stehen in den Speichern 3, 4, 5, 6 und die Anfangsadresse (3) des Feldes stehe im Speicher 0, so ergibt sich folgendes Aufrufprogramm:

```
LAD   0       Anfangsadresse des Feldes  → Akku
ADD   7       Absolutadresse des Speichers xᵢ  → Akku
SPE   1       Abspeichern der Adresse in Hilfszelle 1
LAD  (1)      Transfer xᵢ  → Akku
```

● **Aufgabe 2.1**

Es werden zwei Zahlen A, B eingegeben. Anschließend ist die größere der beiden Zahlen zu ermitteln und auszugeben.

● **Aufgabe 2.2**

Berechnung des Mittelwertes zweier Zahlen

$$M = \frac{A + B}{2}.$$

Hinweis zur Lösung: Der Modellrechner arbeitet mit Dualzahlen. Die Division durch 2 kann in diesem Fall durch Verschieben der Dualzahl um eine Stelle nach rechts erfolgen.

● **Aufgabe 2.3**

Es ist ein Programm zum Löschen eines Datenspeicherfeldes zu erstellen. Anfangs- und Endadresse des Feldes werden nach dem Programmstart zunächst eingegeben.
Hinweis zur Lösung: Zum Löschen eines Datenspeichers stehen üblicherweise spezielle Löschbefehle zur Verfügung. Da unser Modellrechner einen solchen Befehl nicht besitzt, kann dafür der Eingabebefehl benutzt werden, wenn damit eine „0" eingegeben wird.
Da das Datenfeld variabel ist, muß die Eingabe substituiert erfolgen.

3 Assemblersprachen

Im Kapitel 2 wurde bereits auf den grundsätzlichen Unterschied zwischen problemorientierten und maschinenorientierten Programmiersprachen eingegangen. Dort wurde auch deutlich gemacht, daß das im Rechner ablaufende Maschinenprogramm, welches aus einer Folge von binärcodierten Maschinenbefehlen besteht, mit Hilfe von Übersetzern aus dem symbolisch geschriebenen Quellprogramm erzeugt werden muß. Selbstverständlich wäre es auch möglich, ein Programm unmittelbar in Maschinensprache, d.h. direkt in binärer Form zu schreiben. Ein solches Programm würde jedoch einen sehr hohen Programmieraufwand erfordern, der mit vielen Fehlerquellen behaftet wäre. Außerdem ist es nur schwer lesbar und bei späteren Programmänderungen kaum noch verständlich. Eine gewisse Erleichterung bieten Anlagen, bei denen die Maschinenbefehle in einem schon besser zu übersehenden Zahlencode, beispielsweise im Hexadezimalcode geschrieben werden.
Eine wesentliche Erleichterung der Maschinenprogrammierung stellt sich ein, wenn die Maschinenbefehle in symbolischer Form geschrieben werden. Wie bereits in Kapitel 2 erwähnt wurde, wird ein solches Programm durch einen Assembler im Verhältnis 1:1 in ein Maschinenprogramm übersetzt. Selbst wenn ein Assembler nicht vorhanden sein sollte, lohnt es sich, das Programm zunächst in symbolischer Form zu schreiben und dann die Übersetzung von Hand mit Hilfe einer Übersetzungstabelle vorzunehmen. Ein wesentlicher Vorteil bei der symbolischen Schreibweise liegt nicht allein in der leichteren Verständlichkeit durch die Wahl geeigneter Symbole für die Operationsanweisungen der Befehle, sondern vor allem in der Möglichkeit, symbolische Namen für Variable und Programmadressen einzuführen.
Die Assemblersprachen sind also zwischen den Maschinensprachen und den anwendungsorientierten, höheren Programmiersprachen einzuordnen. Sie sind für bestimmte Aufgaben, bei denen zum Beispiel ein direktes Zugreifen auf einzelne Binärstellen eines Speicherwortes nötig ist, unumgänglich. Wegen der Weitschweifigkeit von Compilerprogrammen ist ein Assemblerprogramm in jedem Fall kürzer und nutzt die Speicherkapazität und Arbeitsgeschwindigkeit des Rechners optimal aus. Aus diesen Gründen werden Programme, bei denen man Wert auf eine optimale Nutzung der Datenverarbeitungsanlage legt und dabei einen höheren Programmieraufwand in Kauf nimmt, in Assemblersprache geschrieben. Das trifft insbesondere auf Programme für Prozeßrechenanlagen zu.
Auf die Programmierung von Prozeßrechnern und Mikrocomputern wird in Kapitel 5 noch näher eingegangen. Die Eigenheiten des jeweils verwendeten Rechners schlagen sich dabei selbstverständlich auch in der Maschinen- und Assemblersprache dieses Rechners nieder. Je nach Länge der Speicherwörter arbeitet man mit Ein- oder auch Mehradreßbefehlen. Bei Rechnern mit unterschiedlicher Wortlänge, zum Beispiel bei vielen Mikrorechnern, werden Ein- oder Mehradreßbefehle auch nebeneinander verwendet.
Allen Assemblersprachen sind gewisse Eigenschaften gemeinsam. Aus diesem Grunde soll hier die Programmierung in Assemblersprachen an einigen Beispielen erläutert werden.

Die bereits in Kapitel 1 vorgestellte Programmiersprache des Modellrechners ist eine
Assemblersprache, und die in dieser Sprache geschriebenen Übungsprogramme sind Assemblerprogramme. Zur Veranschaulichung, wie diese im Abschnitt 2.6 behandelten Beispiele in der Assemblersprache eines wirklichen Rechners aussehen, werden sie jeweils in
der Sprache eines Einadreß- und eines Zweiadreß-Rechners kurz wiedergegeben. Es handelt sich dabei um die Assemblersprachen des Prozeßrechners SIEMENS 305 und des
kommerziellen Rechners der mittleren Datentechnik N 820/20 der Firma Nixdorf. Beide
Anlagen stammen aus Modellreihen, die sich in jahrelangem Einsatz bewährt haben und
auch heute noch zahlreich im Einsatz stehen. Sie wurden inzwischen durch Nachfolge-
typen abgelöst, ihre Sprachen sind aber mit denen der heutigen Rechnertypen eng ver-
wandt, weshalb sie auch für diese beispielhaft zum Vergleich herangezogen werden können.

Das Übersetzen eines Assemblerprogramms aus der Sprache eines Rechners in die eines
anderen ist bei Anlagen mit ähnlicher Hardware kein Problem. Für Neuentwicklungen
innerhalb einer Modellreihe desselben Herstellers besteht in der Regel Aufwärtskompa-
tibilität der Sprachen. Das heißt, die Assemblerprogramme der älteren Anlage können
auf der neueren ebenfalls eingesetzt werden, jedoch nicht umgekehrt.

▶ **Beispiel 1** Summe und Differenz zweier Zahlen

Grundsätzlich ist zu bemerken, daß beim Rechner SIEMENS 305, wie bei allen Großrechenanlagen,
keine Unterteilung in Befehls- und Datenteil des Arbeitsspeichers getroffen ist. Aus diesem Grunde
müssen im Programm die entsprechenden Datenspeicherzellen mit aufgeführt werden. Zweckmäßigerweise stellt man sie an den Schluß des Programms.

Da bei Großrechenanlagen eine manuelle Eingabe der Daten in der Regel nicht möglich ist, sondern
diese nur über externe Geräte von Datenträgern erfolgen kann, soll angenommen werden, daß die beiden
Ausgangswerte bereits in zwei Speichern A und B bereitstehen. Um das Programm testen zu können,
ist es möglich, die Speicherzellen A, B bei der Bereitstellung des Programms im Arbeitsspeicher mit vor-
gegebenen Daten zu laden. Statt sie nur als Hilfszelle (HZ) zu kennzeichnen, können sie zum Beispiel
durch eine Dezimalanweisung (DZ) einen Anfangswert zugewiesen bekommen. Mit Ergänzung der entsprechenden Anweisungen für die Ausgabe auf dem Blattschreiber sieht das SIEMENS-Assemblerpro-
gramm in PROSA (*PRO*grammieren mit *S*ymbolischen *A*dressen) folgendermaßen aus:

```
                        PN    VOSS            PROSA-BEISPIEL 1: SUMME UND DIFFERENZ

                        SZ    BEISP1
 0  00000    47         TEP   A
 1  00001    48         ADD   B               SUMME RECHNEN
 2  00002    49         TAS   SUMME
 3  00003    47         TEP   A
 4  00004    48         SUB   B               DIFFERENZ RECHNEN
 5  00005    50         TAS   DIFF
 6  00006    49         TEP'  SUMME           DUAL-DEZIMAL-KONVERTIERUNG
 7  00007          MA   DUDE                  DER AUSZUGEBENDEN ZAHL  SUMME
 8  00010    36         TAS   TEXT1+4         (LINKER AKKU ENTHAELT STELLE 1-3)
 9  00011    37         TAS'  TEXT1+5         (RECHTER AKKU ENTHAELT STELLE 4-7)
10  00012    50         TEP'  DIFF
11  00013          MA   DUDE
12  00014    44         TAS   TEXT2+5
13  00015    45         TAS'  TEXT2+6
14  00016    AUSG1      MA    BSAU=0,TEXT1    AUSGABE DER SUMME A+B
19  00023          MA   EXWA=AUSG1
22  00026    AUSG2      MA    BSAU=0,TEXT2    AUSGABE DER DIFFERENZ A-B
27  00033          MA   EXWA=AUSG2
30  00036          MA   ENDE
32  00040    TEXT1      AN    '(47,31)SUMME A+B =            (63)'      (TEXTFELDER)
39  00047    TEXT2      AN    '(47,31)DIFFERENZ A-B =           (63)'
47  00057    A          DZ    38                                       (ANFANGSWERTE)
48  00060    B          DZ    25
49  00061    SUMME      HZ                                             (HILFSZELLEN)
50  00062    DIFF       HZ
                        PE
```

Assemblerprogramm für den Nixdorf-Rechner N820/20

Summe und Differenz zweier Zahlen

Maschinenprogramm (hexadezimal)								Assemblerprogramm		
Adresse			Befehl							
0	0	0	0	0	0	0	4		KOMMA	
0	0	1	0	0	0	0	0		0	
0	0	2	0	0	0	0	0		0	
0	0	3	0	0	0	0	0		0	
0	0	4	0	0	0	0	0		0	
0	0	5	2	12	0	2	2	START	WT KRAR	AUF EINGABE WARTEN
0	0	6	0	1	0	5	0		ACC WERTA.	EINGABE A
0	0	7	2	12	0	2	2		WT KRAR	
0	0	8	0	1	0	6	0		ACC WERTB.	EINGABE B
0	0	9	0	3	0	5	3		MV WERTA. AKKU	
0	0	10	0	5	0	6	3		AD WERTB. AKKU	ADDITION A+B
0	0	11	0	3	0	3	7		MV AKKU. SUMME	SUMME SPEICHERN
0	0	12	0	3	0	5	3		MV WERTA. AKKU	
0	0	13	0	7	0	6	3		SB WERTB. AKKU	SUBTRAKTION A-B
0	0	14	0	3	0	3	8		MV AKKU. DIFF	DIFF. SPEICHERN
0	0	15	2	13	0	0	10		TAB POS1	
0	1	0	2	14	4	0	1		LNF 1	ZEILENSCHALTUNG
0	1	1	3	0	0	1	11		TT TEXT1	TEXTAUSGABE
0	1	2	0	3	0	7	3		MV SUMME. AKKU	
0	1	3	3	6	0	4	1		EDF KEPL 1	DRUCKVORBEFEHL
0	1	4	3	2	4	1	4		ED KOMMA.. POS2	AUSG. SUMME
0	1	5	2	13	0	1	14		TAB POS3	
0	1	6	3	0	0	1	14		TT TEXT2	
0	1	7	0	3	0	6	3		MV DIFF. AKKU	
0	1	8	3	6	0	4	1		EDF KEPL 1	
0	1	9	3	2	4	2	8		ED KOMMA.. POS4	AUSG. DIFF.
0	1	10	1	0	0	0	5	STOP	DR START	
0	1	11	1	2	2	8	12	TEXT1	*A + B =/YEND/*	
0	1	12	0	10	4	12	10			
0	1	13	3	4	2	12	0			
0	1	14	1	2	2	8	13	TEXT2	*A /YBIN/ B =/YEND/*	
0	1	15	0	10	4	12	10			
0	2	0	3	4	2	12	0			

```
*KOMMA   4
*AKKU    3                 SPEICHERBELEGUNG

*WERTA   5
*WERTB   6
*SUMME   7
*DIFF    8                 DEFINITIONEN

*POS1   10   DRUCKPOSITION 1
*POS2   20   DRUCKPOSITION 2
*POS3   30   DRUCKPOSITION 3
*POS4   40   DRUCKPOSITION 4
**
```

Ein völlig anderes Bild zeigt das Assemblerprogramm des Zweiadreß-Rechners Nixdorf N 820/20. Bei
dieser Maschine ist eine starre Unterteilung des Arbeitsspeichers in einen Befehls- und einen Datenteil
vorgenommen. Aus diesem Grunde beginnt die Adressierung in beiden Speicherbereichen mit der
Adresse 0. Im Programm selbst sind die Datenspeicher lediglich als Definition am Programmende aufgeführt, sie belegen dort keinen Speicherbereich. Im übrigen werden beim Vergleich der Programme
trotz des großen hardwaremäßigen Unterschiedes der beiden Rechnertypen Gemeinsamkeiten deutlich.
Auch ohne nähere Kenntnis der Assemblersprache ist vor allem das Programm des Zweiadreß-Rechners
von Nixdorf verhältnismäßig leicht verständlich zu lesen. Demgegenüber wirkt das Programm der
Siemens-Anlage, das im übrigen beinahe identisch ist mit dem des Modellrechners, geradezu umständ-
lich und primitiv. Schließlich handelt es sich bei dem Einadreß-Rechner um eine Akkumulatormaschine,
bei der alle Datentransfer- und Rechenoperationen mit einem bevorzugten Speicher, dem Akkumulator,
ausgeführt werden.
Zur Erläuterung des abgedruckten Nixdorf-Programms sei noch erwähnt, daß die Zahlenkolonnen in
der linken Hälfte in den ersten drei Ziffern den Maschinenbefehl im Hexadezimalcode enthalten.

▶ **Beispiel 2** Summe aller Zahlen von 1 bis 100

```
SIEMENS PROSA:    E500 V1   10 DAT:=10.01.77.20              BLATT:      2
MABI:MABI UPBI:UPBI PROSA-DATEI::PRS PN:S100 SZ:            PREL:       0


     5                                PN    S100


     6                                SZ    VOSS
     7    0  00000    33              TEL   N
     8    1  00001    34              TEL   SUM
     9    2  00002    33     A1       TEP   N
    10    3  00003    35              ADD   K1
    11    4  00004    33              TAS   N
    12    5  00005    34              TEP   SUM
    13    6  00006    33              ADD   N
    14    7  00007    34              TAS   SUM
    15    8  00010    33              TEP   N
    16    9  00011    36              SUB   K100
    17   10  00012     2              SAM   A1
    18   11  00013    34              TEP'  SUM
    19   12  00014                    MA    DUDE
    20   13  00015    30              TAS   TEXT+5
    21   14  00016    31              TAS'  TEXT+6
    22   15  00017           AUSG     MA    BSAU=0,TEXT
    23   20  00024                    MA    EXWA=AUSG
    24   23  00027                    MA    ENDE
    25   25  00031           TEXT     AN    '(47,51)SUMME 1 BIS 100 =        (63)'
    26   33  00041           N        HZ
    27   34  00042           SUM      HZ
    28   35  00043           K1       DZ    1
    29   36  00044           K100     DZ    100
    30                                PE
```

Blattschreiber-Ausdruck:

    SUMME 1 BIS 100 = 5050

Programm für den Nixdorf-Rechner

Summe aller Zahlen von 1 bis 100:

```
0  0  0   0   0   0   0   0     KOMMA
0  0  1   0   0   0   0   0     0
0  0  2   0   0   0   0   0     0
0  0  3   0   0   0   0   0     0
0  0  4   0   0   0   0   0     0

0  0  5   1  15   0   6   4     START   CA 100
0  0  6   2  12   0   2   4             WT RKSK
0  0  7   0   3   0   3   6             MV 3. 6

0  0  8   1  15   0   0   1             CA 1
0  0  9   0   3   0   3   5             MV 3. 5

0  0 10   0   3   0   5   7             MV 5.7
0  0 11   0  15   0   8   0             CLR 8.
0  0 12   0   5   0   7   8     SUMME   AD 7.8
0  0 13   2   4   0   7   1             CNT 7.1
0  0 14   0  13   0   7   6             CP 7.6
0  0 15   1   6   0   1   1             BRL DRUCK

0  1  0   1   0   0   0  12             BR SUMME
0  1  1   2  14   4   0   1     DRUCK   LNF 1
0  1  2   2  13   0   1   4             TAB RAND
0  1  3   3   0   0   1   7             TT TEXT1
0  1  4   0   3   0   8   3             MV 8.3
0  1  5   3   2   0   4   2             ED RAND+46
0  1  6   1   0   0   0   5     ENDE    BR START

0  1  7   1   5   6   9   6     TEXT1   *DIE SUMME ALLER ZAHLEN VON 1 B

0  1  8   0  10 1 1   2   6
0  1  9   1  14       7   9   6
0  1 10   0  10       4   9  13
0  1 11   1  13       5  10   3
0  1 12   0  10 1 2  13   2
0  1 13   1   9       7   5   6
0  1 14   1  15       2  10   7
0  1 15   2   0       7  12  10

0  2  0   0   1       2   9   3
0  2  1   1  10 1 1   0  10             IS 100 IST/YEND/*
0  2  2   0   1       0   0   0
0  2  3   0  10       6  10   4
0  2  4   2   5       2  12   0

                               *RAND    20

                               *KOMMA   0

                               **
```

4 Programmieren in FORTRAN

Die Programmiersprache FORTRAN (*formula trans*lation) wird seit 1954 verwendet, und zwar ursprünglich nur für technische und wissenschaftliche Anwendungen. Die Sprache wurde seitdem jedoch ständig erweitert und findet heute auch breite Verwendung für allgemeine und kommerzielle Aufgabenstellungen. Ein besonderes Merkmal dieser Programmiersprache ist es, daß sie in unterschiedlichen Ausbaustufen Anwendung findet. Kleinere Datenverarbeitungsanlagen verwenden häufig Untermengen des FULL-FORTRAN (INTERMEDIATE FORTRAN, BASIC FORTRAN). Die weiteste Verbreitung findet heute FORTRAN IV, eine im Jahre 1964 von der ASA (American Standard Association) genormte Version mit einem standardisierten Sprachumfang, die auf praktisch allen größeren Datenverarbeitungsanlagen einsetzbar ist. Häufig bieten die Compiler noch darüberhinausgehende Möglichkeiten, wobei der jeweilige Sprachumfang aus dem FORTRAN-Handbuch der betreffenden Rechenanlage zu entnehmen ist.
Auch für Anwendungen im Ingenieurbereich hat sich neben der Programmiersprache PL/1 vor allem FORTRAN IV durchgesetzt. In der Ingenieurausbildung gehört das Erlernen dieser Sprache heute zum Grundbestandteil der meisten Studiengänge fast aller deutscher Fachhochschulen. Für einen Ingenieurstudenten ist es dabei nicht einmal erforderlich, den ganzen Sprachumfang zu beherrschen, um jedes nur erdenkliche Problem in elegantester Weise programmieren zu können, sondern gerade FORTRAN bietet die Möglichkeit, schon mit einem sehr bescheidenen Sprachschatz eigentlich alle Aufgaben lösen zu können. Dieser Minimal-Sprachumfang, wie er im folgenden Abschnitt dargestellt wird, sollte allerdings beherrscht werden. Dann ist es jederzeit möglich, dieses Präsenzwissen anhand von FORTRAN-Handbüchern zu ergänzen.
In der Absicht, den Studierenden, der dieses Buch als Anleitung zum Erlernen der Sprache FORTRAN benutzt, möglichst schnell an praktische Übungen heranzuführen, in denen er das bis hierher erlernte Wissen anwenden kann, wird der Stoff ganz bewußt nicht in systematischer Folge entsprechend der Sprach-Syntax vermittelt, sondern nur in der Reihenfolge und in dem Umfang, wie es zur Lösung der jeweiligen Aufgabe geboten ist. Dabei wird auf eine erschöpfende Behandlung in den einzelnen Abschnitten verzichtet. Zur Vertiefung und Abrundung der Kenntnisse sollte ein spezielles Lehrbuch oder ein FORTRAN-Handbuch nebenher benutzt werden.

4.1 FORTRAN-Aussagen

Die einzelnen FORTRAN-Aussagen (Statements) werden auf Lochkarten übertragen, wozu
zweckmäßigerweise ein entsprechendes Ablochschema benutzt wird (Abb. 4.1). Dabei
sind folgende Regeln zu beachten:

Spalte   1   bleibt frei
                          Wird in Spalte 1 ein C geschrieben, so bedeutet dies, daß alle weiteren Angaben
                          in dieser Lochkarte als Kommentar aufzufassen sind. Sie werden vom Compiler
                          nicht übersetzt, sondern lediglich auf das Programmprotokoll übertragen.

Spalte   2—5   Anweisungsnummer, rechtsbündig geschrieben ($\emptyset\emptyset\emptyset$1 bis 9999)

Spalte   6   bleibt frei
                          Befindet sich in Spalte 6 ein Zeichen, so bedeutet dies, daß diese Lochkarte die
                          Aussage der vorhergehenden fortsetzt.

Spalte   7—72   FORTRAN-Anweisung

Spalte   73—8$\emptyset$ Kann für eine Kennzeichnung der Programmkarten benutzt werden.

Anmerkung: Da beim Ablochen streng zwischen der Ziffer 0 und dem Buchstaben O unterschieden
werden muß, pflegt man häufig die Ziffer Null mit einem Schrägstrich zu durchstreichen, um Fehler,
die durch eine Verwechslung entstehen könnten, auszuschließen.

4.2 FORTRAN-Namen

Anders als bei den bisher behandelten Assemblerprogrammen werden die FORTRAN-
Anweisungen nicht symbolisch, sondern numerisch gekennzeichnet. Variable (numerisch
oder alphanumerisch), werden jedoch mit symbolischen Namen bezeichnet, für die
folgende Regel gilt:

Ein FORTRAN-Name darf 1 bis 6 Zeichen enthalten, von denen das erste ein Buchstabe sein muß. Erlaubt sind alle Ziffern und Buchstaben, sowie das Zeichen $.

4.3 Variable

Unter Variablen werden Größen verstanden, für die im Rechner ein Speicherplatz reserviert
sein muß, in den der Wert dieser Variablen beim Programmablauf abgestellt wird. Da sowohl Zahlen wie auch Zeichen gespeichert werden können, gibt es numerische und alphanumerische Variable. Die Art und Weise, wie eine Variable im Speicher untergebracht wird,
hängt von ihrem Typ ab. Deshalb muß der Programmierer ihren Charakter im Programm
festlegen. Diese Formatierung der Daten ist eine besondere Eigenart der FORTRAN-
Sprache.

Wir wollen uns zunächst den numerischen Daten zuwenden, für die es grundsätzlich zwei
verschiedene Möglichkeiten gibt:

a) Sie können als reine Dualzahl gespeichert sein. Dann handelt es sich immer um ganze
   Zahlen vom Typ INTEGER.

b) Handelt es sich um gebrochene Zahlen, so sind sie vom Typ REAL.

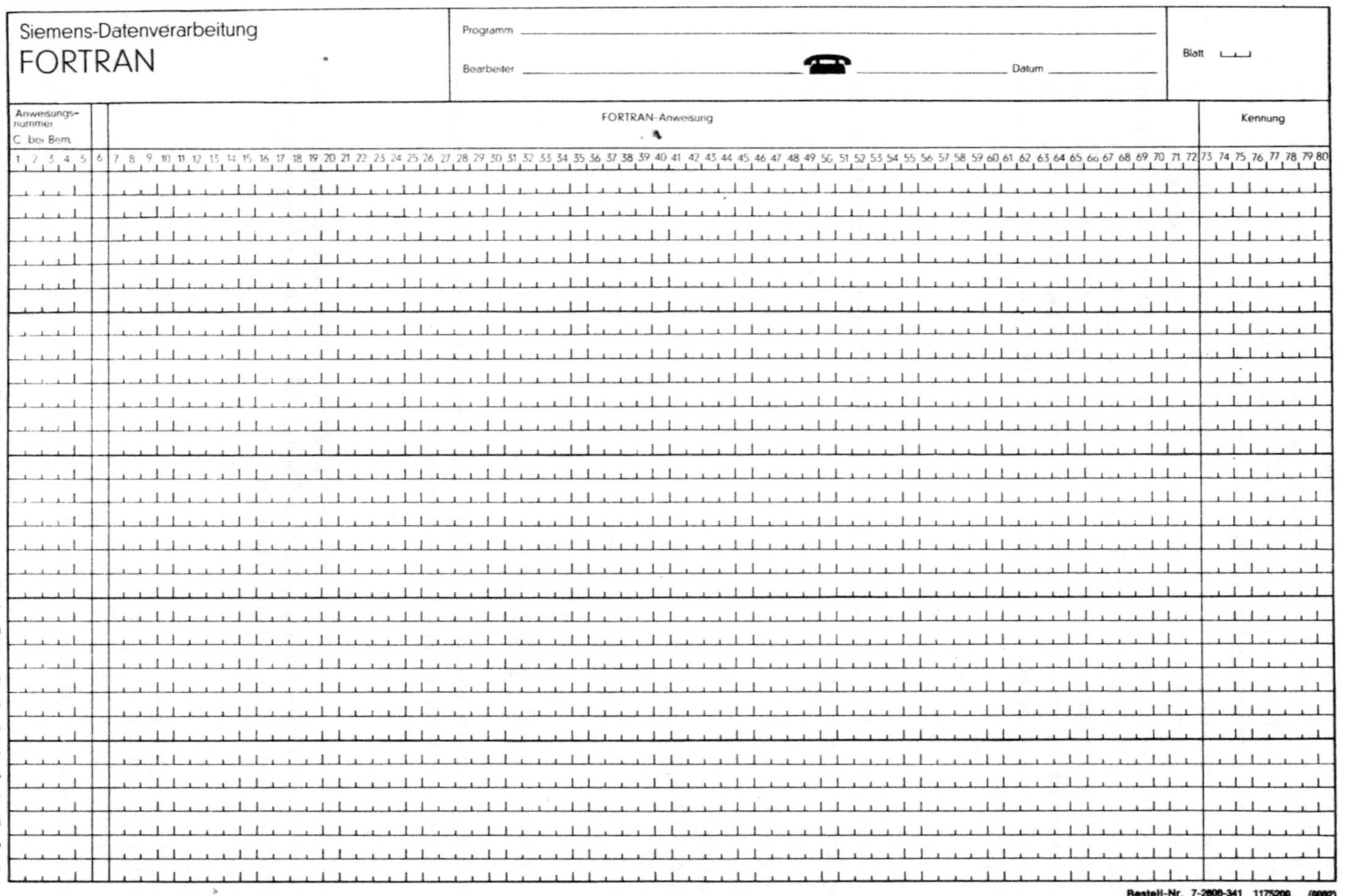

Abb. 4.1 FORTRAN-Ablochschema

Für letztere erfolgt keine Dualzahlen-Abspeicherung, sondern eine Umwandlung in einen
Exponentialbruch. In diesem Fall wird Mantisse und Exponent getrennt abgespeichert.
Man erreicht damit einen wesentlich größeren Zahlenumfang, nimmt allerdings in Kauf,
daß unter Umständen gewisse Rundungsfehler entstehen können.
Erwähnt seien noch komplexe Zahlen vom Typ COMPLEX. Die Möglichkeit, komplexe
Variable zu verarbeiten, bieten allerdings nicht alle Datenverarbeitungsanlagen.
Zur Kennzeichnung des jeweiligen Typs der numerischen Variablen hat der Programmierer
die Möglichkeit einer entsprechenden Typvereinbarung (s. Abschnitt 4.8). Wird eine solche
nicht getroffen, so erkennt der Compiler den jeweiligen Typ aus dem Anfangsbuchstaben
des Variablennamens, und zwar gilt dann als allgemeine FORTRAN-Konvention, daß
Variable mit den Anfangsbuchstaben I..N vom Typ *INTEGER* sind. Alle anderen sind
vom Typ REAL.

● **Aufgabe 4.1**

Welche der folgenden FORTRAN-Namen sind fehlerhaft? Geben sie für die richtigen
Namen den Variablen-Typ an.

a) ALPHA
b) EPSILON
c) P1K
d) KOMMA
e) LOHNSTEUER
f) PE/KO
g) 4TK1

4.4 Arithmetische Anweisungen

In einer arithmetischen Anweisung werden Konstanten, Variable und Funktionen durch
arithmetische Operatoren miteinander verbunden.

4.4.1 Algebraische Gleichungen

Mit einer algebraischen Gleichung wird einer Variablen ein Wert zugewiesen, der sich aus
der mathematischen Verknüpfung anderer Größen errechnet. Für die Zuweisung wird in
FORTRAN das Gleichheitszeichen (=) benutzt.

Beispiel:

```
PREIS =  EPREIS*STUECK
    Y =  (X+3)   *(Z-7)
    Z =  A/3.14
```

Anmerkung: An Stelle des Dezimalkommas wird ein Dezimalpunkt geschrieben.

In FORTRAN gibt es folgende arithmetische Operatoren:

**	Potenzierung
*	Multiplikation
/	Division
+	Addition
–	Subtraktion

Kommen in einer arithmetischen Gleichung mehrere mathematische Operationen vor, so werden sie in der Reihenfolge

Potenzierung
vor   Multiplikation und Division
vor   Addition und Subtraktion

ausgeführt. Soll eine andere Reihenfolge zwingend vorgegeben sein, so sind, wie in der Mathematik üblich, die zunächst zu berechnenden Ausdrücke in Klammern zu setzen.

Beispiel:

$y = (A + B) * (A - B)$

● **Aufgabe 4.2**

Untersuchen Sie die folgenden arithmetischen Anweisungen. Stellen Sie einen Fehler fest, so berichtigen Sie die Anweisung:

a) $X = Y + 2 - (5Y + 3)$
b) $A1 = A5 - A6 * 12.$
c) SUMME $= (EINZEL + DOPPEL)/DREI$
d) UMFANG $= 2. * PI * RADIUS$
e) FLAECHE $= PI * RADIUS ** 2$
f) $A - B = C$
              $I = I + 1$

● **Aufgabe 4.3**

Geben Sie für folgende Rechnungen die FORTRAN-Anweisungen an:

a) $\omega = 2\pi f$ mit $\pi = 3{,}14$

b) $y = \dfrac{7{,}5\,x^2 - 3x + 0{,}6}{x^3 - 0{,}07\,x^2 + 2} \cdot (x - 1)$

4.4.2 Zuordnungsanweisungen

Durch eine Zuordnungsanweisung wird einer Variablen ein im Programm festgelegter Wert zugewiesen.

Beispiel:

INDEX = 3Ø
    X = 5.75

▶ **Beispiel 1** Berechnung des Ersatzwiderstandes einer Parallelschaltung zweier Widerstände

Bekanntlich errechnet sich der Ersatzwiderstand nach folgender Formel:

$$Rp = \frac{R_1 R_2}{R_1 + R_2}.$$

Die Daten sollen im Programm durch eine Zuordnungsanweisung bereitgestellt werden:

$R_1 = 5$ Ohm
$R_2 = 7$ Ohm

Da sie vom Typ REAL sind, muß — auch wenn es sich zufällig um ganze Werte handelt — der Dezimalpunkt angegeben werden. Die Null hinter dem Punkt braucht nicht mehr mitgeschrieben zu werden.

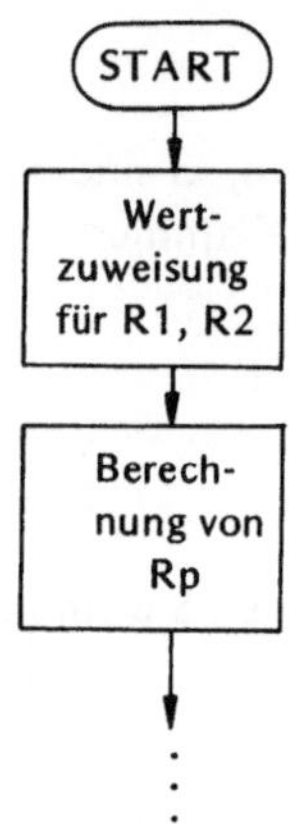

Programm:

```
C  FORTRAN-PROGRAMM-BEISPIEL 1
C  ERSATZWIDERSTAND DER PARALLELSCHALTUNG ZWEIER WIDERSTAENDE
   R1=5.
   R2=7.
   Rp=R1*R2/(R1+R2)
```

Bis hierher wäre jetzt die Berechnung ausgeführt. Allerdings läßt sich dieses Programm noch nicht testen, weil wir dazu das Resultat auch aus dem Rechner ausgeben müssen.

4.5 Die Druckanweisung WRITE

Eine Anweisung zur Datenausgabe muß grundsätzlich drei Informationen enthalten, nämlich:

— die Angabe, mit welchem Gerät ausgegeben wird
— die Angabe, wie die Daten auszugeben sind
— die Angabe, was auszugeben ist

Allgemein schreibt sich die Druckanweisung in folgender Form

```
WRITE (a, b) x, y, z ...
```

Darin bedeutet:

a   Die Kanalnummer des angesprochenen Ausgabegerätes. Wird hierfür ein Variablenname
           eingesetzt, so ist zu beachten, daß die Kanalnummer vom Typ INTEGER sein muß.

b   Die Anweisungsnummer der Formaterklärung, die bei Ausgabe auf Druckgeräten das Druck-
           formular beschreibt bzw. bei Ausgabe auf Lochkarten den Aufbau der Lochkarte enthält.

x, y, z... stellt die Liste der auszugebenden Variablen dar.

4.6 Die FORMAT-Erklärung

Bei der Datenausgabe (wie auch bei der Eingabe) muß auf den jeweiligen Variablentyp
Rücksicht genommen werden. Außerdem muß ihre Anordnung auf dem jeweiligen Datenträger (z. B. auf dem Druckformular oder auf der Lochkarte) beachtet werden. Dies geschieht mittels einer Formaterklärung, die neben den Spezifikationen für die Variablen-
ausgabe noch weitere Angaben, wie beispielsweise für die Ausgabe von Konstanten enthält.
Was darunter zu verstehen ist, sei an einem einfachen Beispiel erläutert:
Nehmen wir einmal an, es sollen die Zahlenwerte zweier Variabler mit dem Schnelldrucker
gedruckt werden. Normalerweise würden die Zahlen ohne Zwischenraum bündig hinterein-
ander gedruckt, wodurch sie als eine Zahl erschienen und nicht mehr lesbar wären. Der
Drucker muß also veranlaßt werden, zwischen den beiden Zahlen eine gewisse Anzahl von
Leerstellen „zu drucken". Die Leerstelle, die man auch als Blank bezeichnet, ist für den
Drucker wie ein Zeichen zu behandeln, sie muß in der Formaterklärung angegeben werden.
Entsprechend besteht oft der Wunsch, zwischen den Zahlenwerten Texte, beispielsweise
als Maßeinheit hinter den Zahlen, zu drucken. Auch hier handelt es sich um bestimmte
Druckzeichen, die bei jedem Programmlauf unverändert bleiben, also um Konstante. In
diesem Fall spricht man von alphanumerischen Konstanten, die ebenfalls in der Format-
erklärung anzugeben sind.
Die Formaterklärung hat grundsätzlich folgende Form:

    FORMAT (Formaterklärung)

Soll die Ausgabe über einen Schnelldrucker erfolgen, so muß die erste Angabe in der
Formaterklärung eine Steueranweisung für den Papiervorschub enthalten. Diese hat die
folgende Form:

1H+, kein Vorschub
1H , eine Zeile Vorschub
1HØ, zwei Zeilen Vorschub
1H1, Vorschub auf die erste Zeile des nächsten Blattes

Der Buchstabe H steht für die Kennzeichnung von *H*ollerithzeichen (alphanumerische
Konstanten). Mit dieser Formaterklärung können auch Texte ausgedruckt werden, indem
vor dem Formatzeichen H die Anzahl der auszugebenden Zeichen angegeben wird und
dahinter die Zeichen selbst folgen. Soll beispielsweise das Wort „Flensburg" als Text gedruckt werden, so lautet dafür die Formaterklärung:

    9HFLENSBURG

Die Reihenfolge der Angaben in der Formaterklärung legt auch die Reihenfolge auf dem Druckbild des Formulars fest. Die einzelnen Angaben müssen durch Komma voneinander getrennt werden.

Für Zwischenräume (Blanks) wird der Formatschlüssel X benutzt. Sollen beispielsweise 10 Zwischenräume in einer Zeile bleiben, so lautet hierfür die Formatanweisung

    10X

Für numerische Daten wollen wir zunächst nur mit zwei verschiedenen Formatschlüsseln arbeiten. *INTEGER*-Größen werden mit dem I-Format dargestellt. Dabei muß hinter dem Buchstaben I die Anzahl der auszugebenden Stellen angegeben werden. Soll beispielsweise die Zahl 4711 gedruckt werden, und handelt es sich dabei um eine INTEGER-Größe, so kann hierfür der Formatschlüssel I4 genommen werden.
Für REAL-Größen wollen wir zunächst nur den Formatschlüssel F benutzen. Dieser hat folgende Form:

    aFw.d

Dabei bedeutet:

a   Wiederholungsfaktor
    Mehrere aufeinanderfolgende gleichartige Formatschlüssel brauchen nicht einzeln angegeben zu werden, sondern können durch einen Wiederholungsfaktor wiederholt werden.

F   Formatschlüssel für *F*estkommadarstellung

w   Feldlänge
    Darunter ist die gesamte Anzahl der für die Ausgabe vorgesehenen Druckstellen zu verstehen einschließlich Dezimalpunkt und (negativem) Vorzeichen.

d   Anzahl der Dezimalstellen hinter dem Dezimalpunkt.

Wir sind jetzt in der Lage, für das bereits behandelte Beispiel die Druckanweisung hinzuschreiben und das Programm abzuschließen. Etwa so:

```
      :
      :
      :
      WRITE (7,1)R1,R2,Rp
   1  FORMAT (1H,3F12.4)
      STOP
      END
```

Mit der Angabe einer 12-stelligen Feldlänge für die auszudruckenden Variablen wurde sichergestellt, daß zwischen den einzelnen Zahlen ein genügender Zwischenraum bleibt. Da Vornullen nicht mitgedruckt werden, bleiben die vorderen Stellen nämlich frei.
Die Kanalnummer (7) des Schnelldruckers richtet sich nach der jeweiligen Rechenanlage.
Die Angabe STOP ist die letzte vom Rechner auszuführende Anweisung. Sie bewirkt, daß der Programmlauf beendet wird, während die Anweisung END einen Hinweis für den Übersetzer gibt, daß hier das Ende des zu übersetzenden Programms ist. Auf manchen Datenverarbeitungsanlagen ist statt STOP die Anweisung

```
   CALL EXIT
```

zu geben.

Etwas eleganter wäre für das vorstehende Beispiel folgende Formaterklärung gewesen:

    1 FORMAT (1H ,5X,3HR1=,F12.4,5X,3HR2=,F12.4,5X,3HRP=,F12.4)

Sinnvoll wird ein solches Programm natürlich erst, wenn dieselbe Berechnung nacheinander mit unterschiedlichen Daten ausgeführt werden soll. Zu diesem Zweck müssen jedoch die Daten über ein Eingabegerät in die Speicher gelesen werden.

● **Aufgabe 4.4**

Wie sieht das Druckbild für den folgenden Druckbefehl aus?

```
      WRITE(7,1ØØ) KONST,WERT
  1ØØ FORMAT(1H ,3X,1ØHKONSTANTE:,I5,3X,5HWERT:,F8.2)
```

Die Zahlenwerte der Variablen sollen mit

```
  KONST  =    157
  WERT   =  −12,6
```

angenommen werden.

4.7 Leseanweisung READ

Die READ-Anweisung hat den gleichen Aufbau wie die WRITE-Anweisung. Auch die dazugehörende Formaterklärung ist, (mit Ausnahme der Vorschubsteuerung für das Druckpapier, die es hier natürlich nicht gibt), gleich. Soll das Einlesen über Lochkarten erfolgen, so muß in der Formaterklärung der Aufbau der Lochkarte beschrieben sein.

▶ **Beispiel 2**

Die Widerstandswerte R1 und R2 des ersten Beispiels werden aus einer Lochkarte eingelesen. Diese Datenkarte soll so aufgebaut sein, daß in Spalte 1 bis 12 der Widerstandswert R1 mit 4 Nachkommastellen und in Spalte 13 bis 24 der Widerstandswert R2 mit 4 Nachkommastellen abgelocht wird.

```
C     FORTRAN-BEISPIEL 2
C     ERSATZWIDERSTAND DER PARALLELSCHALTUNG
C     EINLESEN DER DATEN AUS LOCHKARTEN
      READ(1Ø,2)R1,R2
      RP=R1*R2/(R1+R2)
      WRITE(7,1)R1,R2,RP
    1 FORMAT(1H ,3F12.4)
    2 FORMAT(2F12.4)
      STOP
      END
```

Die Kanalnummer des Lochkartenlesers heißt bei dieser Rechenanlage 10. Zum Ablochen der Zahlen in der Datenkarte sei darauf hingewiesen, daß die Formaterklärung des Lesebefehls die Kommastelle interpretiert. In den letzten vier Spalten der Lochkartenfelder für die Werte R1 und R2, also in den Spalten 9−12 und 21−24 stehen demnach die Nachkommastellen, in den davorliegenden die Vorkommastellen. Das gilt aber nur, wenn in den Datenkarten kein Dezimalpunkt abgelocht ist. Wird der Punkt mitgelocht, so wird aus der Formaterklärung nur noch die Feldlänge (w) entnommen, die Angabe der Nachkommastellen (d) wird durch den abgelochten Dezimalpunkt übersteuert. Übrigens ist es auch möglich, für negative Größen das Minuszeichen mitzulochen. Es muß allerdings innerhalb der Feldlänge stehen.

● Aufgabe 4.5

Geben Sie die Formaterklärung für folgende Lochkarte an:

Spalte	Inhalt	Variablen-Name
1	Kartenart-Kennzeichnung	KA
2–5	frei	
6–10	Meßstellen-Nummer	MESSNR
11–20	frei	
21–30	Meßwert mit 4 Nachkommastellen	DRUCK
31–40	Meßwert mit 4 Nachkommastellen	TEMP
41–50	Meßwert mit 4 Nachkommastellen	DREHZ
51–76	frei	
77–80	Maschinen-Nummer	MASCH

● Aufgabe 4.6

Wie heißt die Lese-Anweisung zum Einlesen der Datenkarte aus Aufgabe 4.5?

4.8 Typvereinbarungen

Durch geeignete Wahl der Variablennamen kann die leichte Verständlichkeit eines Programms sehr gesteigert werden, so daß es sich fast wie „Klartext" liest. Beispielsweise ist die Anweisung

```
LEISTG=STROM*SPANNG
```

auch für jemanden, der das Programm nicht selbst geschrieben hat, ohne weiteren Kommentar verständlich. Allerdings wäre sie nach der allgemeinen FORTRAN-Konvention nicht richtig, denn die Variablen STROM und SPANNG sind vom Typ REAL, während die Variable LEISTG vom Typ INTEGER ist. In diesem Fall ist aber gar nicht beabsichtigt, daß die Variable LEISTUNG ganzzahlig sein soll, denn mit Sicherheit wird es sich nicht um eine ganze Zahl handeln. Es ist dann möglich, die Variablen, die man abweichend von der allgemeinen FORTRAN-Konvention zu einem bestimmten Typ erklären will, durch eine Typvereinbarung am Beginn des Programms (vor dem ersten ausführbaren Statement) zu definieren.

Beispiel

```
REAL I,K,LEISTG,MITTEL,N
INTEGER B,C,X,ALPHA,SDA
```

● Aufgabe 4.7

Die Leistung eines Pumpenmotors ist nach der Formel

$$P = \frac{Q\,(h_s + h_d + V)}{t_s\,\eta \cdot 102}$$

zu berechnen.

Aus einer Lochkarte werden die Daten eingelesen:

Spalte 1—5 :   Wassermenge Q,   5-stellig mit 2 Nachkommastellen
Spalte 10—13:   Saughöhe HS,   4-stellig mit 2 Nachkommastellen
Spalte 20—23:   Druckhöhe HD,   4-stellig mit 2 Nachkommastellen
Spalte 30—33:   Verlust V,   4-stellig mit 2 Nachkommastellen
Spalte 40—44:   Förderzeit TS,   5-stellig mit 1 Nachkommastelle
Spalte 50—53:   Wirkungsgrad ETA,   4-stellig mit 2 Nachkommastellen

Der Ausdruck soll folgendes Druckbild ergeben:

```
|          PUMPENLEISTUNG  =  xxx.xx  KW  |
```

Damit bei der Verwendung eines Programmes auf verschiedenen Rechenanlagen keine
aufwendigen Programmänderungen nötig werden, empfiehlt es sich, die Kanalnummern
der Eingabe- und Ausgabegeräte symbolisch anzugeben. Verwenden Sie daher für Ihre
Lösung folgende Namen für die Geräte:

    LKE   für die Lochkarteneingabe
    SDA   für die Schnelldruckerausgabe

Beachten Sie, daß die Kanalnummern vom Typ INTEGER sein müssen!

4.9 Der Sprungbefehl GO TO

Soll ein Programm nicht nur ein einziges Mal durchlaufen, sondern soll es beispielsweise
nach der letzten Anweisung vom Start wiederholt werden, so muß ein Sprungbefehl die
Fortsetzung des Programms an der gewünschten Stelle bewirken. Die Anweisung hierfür
lautet ganz allgemein GO TO x, wobei x die Nummer der Anweisung ist, bei der das Programm fortgesetzt werden soll. Allerdings würde dieses Programm in einer endlosen
Schleife stets wiederholt werden, und damit ließe es sich nicht mehr sinnvoll beenden,
ohne den Betrieb des Rechners zu stören.

4.10 Das IF-Statement

Soll ein Sprungbefehl nur dann ausgeführt werden, wenn eine bestimmte Bedingung erfüllt ist, so wird vor diese Bedingung das Wort IF gesetzt.

4.10.1 Die arithmetische IF-Anweisung

Besteht die Sprungbedingung darin, daß der Wert einer Variablen oder eines arithmetischen Ausdrucks negativ, null oder positiv ist, so lautet dafür die Anweisung

    IF (e)n1,n2,n3

Darin bedeuten:

e   die Variable oder den arithmetischen Ausdruck, der keine komplexen Größen enthalten
            darf
n1,n2,n3 Nummern von ausführbaren Anweisungen desselben Programms

Ist der Wert für e kleiner als null, wird das Programm mit der Anweisung n_1 fortgesetzt,
ist er gleich null, mit der Anweisung n_2 und ist er größer als null, mit der Anweisung n_3.

▶ **Beispiel**

Je nach dem Wert der Variablen K soll das Programm verschieden fortgesetzt werden. Und zwar für

K < 75 bei Anweisung 1∅
K = 75 bei Anweisung 2∅
K > 75 bei Anweisung 3∅

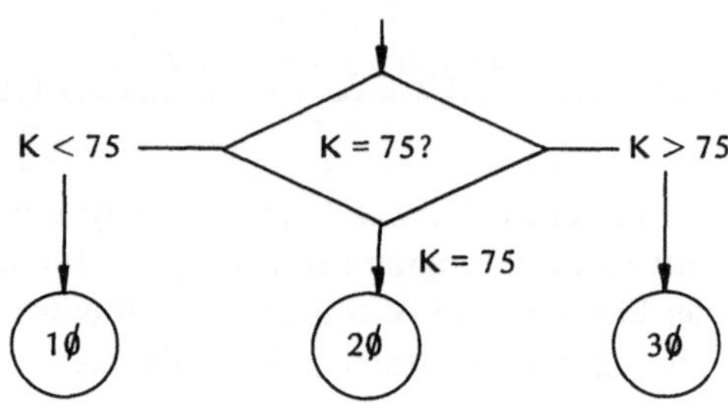

Die entsprechende FORTRAN-Anweisung lautet:

    IF(K−75) 1∅,2∅,3∅

● **Aufgabe 4.8**

In einem Meßstellen-Überwachungsprogramm ist der Istwert einer Meßstelle mit ihrem
Sollwert zu vergleichen. Je nach dem Ergebnis soll folgende Textausgabe auf dem Schnelldrucker erfolgen:

bei   IST = SOLL   „MESSWERT NORMAL"
bei   IST > SOLL   „MESSWERT ZU HOCH"
bei   IST < SOLL   „MESSWERT ZU NIEDRIG"

4.10.2 Die logische IF-Anweisung

Ganz allgemein läßt sich eine Bedingung in folgender Form schreiben:

    IF (e)S

Dabei ist e ein Boolescher Ausdruck, der erfüllt sein kann oder nicht. S ist eine ausführ-
bare Anweisung (ausgenommen sind Schleifenanweisungen und weitere IF-Anweisungen).
Ist der Wert des Booleschen Ausdrucks e wahr (TRUE), so wird die Anweisung S ausgeführt, andernfalls wird sie übergangen. Setzt man für die Anweisung S einen Sprungbefehl,
so kann in der IF-Anweisung die Sprungbedingung formuliert werden. Man bedient sich
folgender Vergleichsoperatoren:

    .EQ. Gleich (Equal)
    .GT. Größer als (Greater Than)
    .GE. Größer oder gleich (Greater than or Equal)
    .LT. Kleiner als (Lower Than)
    .LE. Kleiner oder gleich (Lower than or Equal)
    .NE. Ungleich (Not Equal)

Soll beispielsweise das Programm zur Anweisung 15 verzweigt werden, sobald die Variable „INDEX" den Wert $3\emptyset$ erreicht hat, so lautet dafür die entsprechende Anweisung:

IF(INDEX.EQ.$3\emptyset$)GO TO 15

Hinweis: Der Vergleichsoperator .EQ. darf nie für REAL-Größen benutzt werden, weil diese immer gewisse Rundungsfehler enthalten können und damit Gleichheit in der Regel nie exakt erreicht wird. Man sollte dann .GE. oder .LE. verwenden.

▶ **Beispiel**

Die Widerstandsberechnung des Beispiels 2 aus Abschnitt 4.7 soll so oft wiederholt werden, wie neue Datenkarten zur Verfügung stehen. Um festzustellen, ob es sich um eine Datenkarte handelt, wird eine Kennzeichnung der Datenkarten in Spalte 1 vorgenommen und zwar sollen alle Datenkarten, in denen die Widerstandswerte R1 und R2 für eine Berechnung enthalten sind, in Spalte 1 die Zahl 1 erhalten. Folgt am Ende des Datensatzes eine Lochkarte mit der Kennziffer 9 in der ersten Spalte, so bedeutet dies, daß die Berechnung abgeschlossen ist und das Programm auf STOP gehen soll. Zusätzlich wollen wir ermöglichen, daß Blank-Karten vor oder zwischen den Datenkarten liegen dürfen. Diese sollen dann als solche erkannt werden und unberücksichtigt bleiben.

Ablaufdiagramm

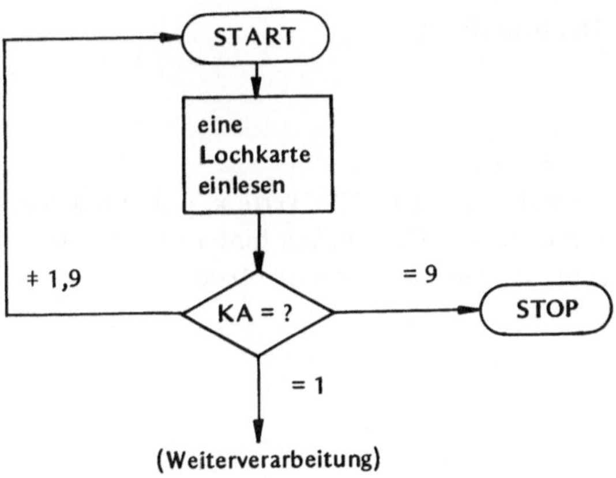

Da in den Datenkarten jetzt die Spalte 1 für die Kartenart vorgesehen wird, muß eine Verschiebung der beiden Felder für R1 und R2 um je eine Spalte erfolgen:

Spalte 1   = Kartenart
Spalte 2 bis 13 = Wert für R1
Spalte 14 bis 25 = Wert für R2

Programm

```
C       ZYKLISCHES PROGRAMM MIT STEUERUNG DURCH DIE KARTENART
        INTEGER SDA
        SDA=7
        LKE=1∅
 1∅     READ(LKE,1∅∅)KA,R1,R2
 1∅∅    FORMAT(I1,2F12.4)
        IF(KA.EQ.9)STOP
        IF(KA.NE.1)GO TO 1∅
        RP=R1*R2/(R1+R2)
        WRITE(SDA,1∅1)R1,R2,RP
 1∅1    FORMAT(1H ,3(5X,F12.4))
        GO TO 1∅
        END
```

Übrigens wurden in diesem Beispiel die Kanalnummern für Schnelldruckerausgabe (SDA) und Lochkarteneingabe (LKE) als Variable durch eine Zuordnungsanweisung festgelegt. Das hat den Vorteil, daß bei einem Wechsel der Rechenanlage nur diese zwei Anweisungen auf die jeweiligen Kanalnummern zu ändern sind. Man beachte aber, daß die Variablen vom Typ INTEGER sein müssen.

● **Aufgabe 4.9**

Es ist die Wurzelberechnung

$$y = \sqrt{x}$$

in einem zyklischen Programm nach der Iterationsformel

$$y_{n+1} = \frac{1}{2} \cdot \left(y_n + \frac{x}{y_n} \right)$$

auszuführen. Als Anfangswert wird $y_0 = 1$ gesetzt.
Die Berechnung soll für $x = 0 \ldots 10$ mit $\Delta x = 0,1$ erfolgen. Alle Werte x, y sind tabellarisch zu drucken. Die Iterationsrechnung soll mit 6-stelliger Genauigkeit hinter dem Komma abgebrochen werden, d. h. der Programmzyklus soll beendet werden, sobald

$$(y^2 - x) < 10^{-6}$$

ist.

4.11 Datenfelder

In den bisher behandelten Beispielen war es möglich, die Variablen in dem Augenblick zu verarbeiten, in dem sie in der Maschine erstmalig bereitgestellt wurden. Sollen sie jedoch für eine spätere Bearbeitung weiterhin zur Verfügung stehen, so müssen die einzelnen Werte mit einem Index versehen und in einem Datenfeld abgespeichert werden.

Index	1	2	3	4	5	6	7	8
Variable	RP(1)	RP(2)	RP(3)	RP(4)	RP(5)	RP(6)	RP(7)	RP(8)

Die Variablen RP belegen im Arbeitsspeicher ein Datenfeld mit 8 Speicherplätzen. Der Index wird in Klammern hinter den Variablennamen gesetzt. Sein kleinster Wert ist 1. Er kann auch einen symbolischen Namen erhalten, jedoch ist zu beachten, daß dieser vom Typ INTEGER sein muß. Auch mehrfache Indizierung ist möglich. In diesem Fall werden die verschiedenen Indizes durch Komma voneinander getrennt.

Beispiel:

A(2,4)
X(K,L,N)

Die maximale Anzahl der Indizes hängt von der jeweiligen Rechenanlage ab. Für den Rechner SIEMENS 305 sind beispielsweise 7 Indizes zugelassen.

4.12 DIMENSION-Vereinbarung

Die Länge eines Datenfeldes, d.h. die Anzahl der zu reservierenden Speicherplätze muß der Programmierer zu Beginn eines Programms (vor der ersten ausführbaren Anweisung) angeben. Dabei ist es nicht erforderlich, daß auch alle reservierten Speicherplätze später tatsächlich benutzt werden. Sollen für eine Variable X beispielsweise 50 Speicherplätze reserviert werden, so lautet die entsprechende Anweisung:

DIMENSION X(5∅)

Soll eine indizierte Variable zugleich eine Typzuweisung erhalten, so kann die Dimensionserklärung auch in der Typvereinbarung erfolgen:

INTEGER X(5∅)

▶ **Beispiel**

Ein Prozeßrechner soll 12 Abgastemperaturen eines Dieselmotors, die von der Prozeßeingabe in das Datenfeld TEMP übertragen wurden, überwachen. Bei Überschreitung der absoluten Grenzwerte oder einer maximal zulässigen Abweichung vom Mittelwert soll ein entsprechender Alarmausdruck erfolgen. Die entsprechenden Grenzwerte sind in den Speichern OGRE, UGRE und MIGRE bereitgestellt. Das Programm muß also zunächst den Mittelwert nach der Formel:

$$T_m = \frac{1}{12} \cdot \sum_{i=1}^{i=12} T_i$$

berechnen. Anschließend ist die Grenzwertkontrolle durchzuführen, wobei zu beachten ist, daß die Abweichung vom Mittelwert sowohl negativ wie positiv ausfallen kann.

Für die Erfassung der Absolutdifferenz $|T_i - T_m|$ könnte eine FORTRAN-Standardfunktion zur Bildung des Absolutwertes (siehe Abschnitt 4.17.1) benutzt werden. Hier wollen wir es durch zwei Vergleichs-Statements lösen:

Wird der Ausdruck $(T_i - T_m)$ negativ, so wird die IF-Bedingung mit dem Ausdruck $(T_m - T_i)$ gebildet.

Um einen Test zu ermöglichen, ist im nachfolgenden Programm ein READ-Statement zum Einlesen der Daten aus einer Lochkarte vorgesehen.

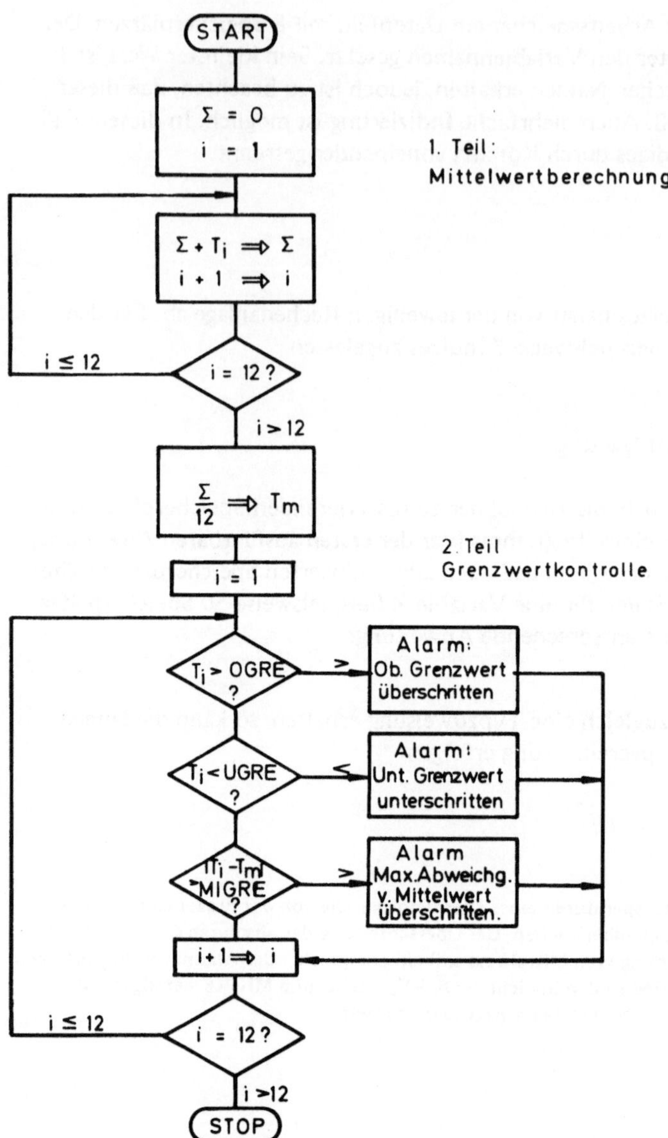

START
$\Sigma = 0$
$i = 1$
1. Teil:
Mittelwertberechnung
$\Sigma + T_i \Rightarrow \Sigma$
$i + 1 \Rightarrow i$
$i \leq 12$
$i = 12\,?$
$i > 12$
$\dfrac{\Sigma}{12} \Rightarrow T_m$
2. Teil
Grenzwertkontrolle
$i = 1$
$T_i > OGRE\,?$
>
Alarm:
Ob. Grenzwert
überschritten
$T_i < UGRE\,?$
<
Alarm:
Unt. Grenzwert
unterschritten
$|T_i - T_m| > MIGRE\,?$
>
Alarm
Max.Abweichg.
v. Mittelwert
überschritten.
$i + 1 \Rightarrow i$
$i \leq 12$
$i = 12\,?$
$i > 12$
STOP

```
SIEMENS - FORTRAN IV/305                                              BLATT:    1
*********************                   FORTRAN-QUELLDATEI: /WDA         MODUL:  MAIN

    1  *                                                                            *
    2  *                                                                            *
    3  *                                                                            *
    4  *      C         ABGASTEMPERATUR-UEBERWACHUNG                                 *
    5  *      C         ----------------------------                                *
    6  *      C                                                                      *
    7  *                DIMENSION TEMP(12)                                           *
    8  *                REAL MIGRE,MITTEL                                            *
    9  *                INTEGER SDA                                                  *
   10  *                SDA=7                                                        *
   11  *                LKE=10                                                       *
   12  *       0001     READ(LKE,103)TEMP,OGRE,UGRE,MIGRE                            *
   13  *      C                                                                      *
   14  *      C         1.TEIL   MITTELWERTSBILDUNG                                  *
   15  *      C         --------------------------                                  *
   16  *      C                                                                      *
   17  *                SUMME=0                                                      *
   18  *                I=1                                                          *
   19  *       0010     SUMME=SUMME+TEMP(I)                                          *
   20  *                I=I+1                                                        *
   21  *                IF(I.LE.12) GOTO 10                                          *
   22  *                MITTEL=SUMME/12.                                             *
   23  *      C                                                                      *
   24  *      C         2.TEIL   GRENZWERTKONTROLLE                                  *
   25  *      C         --------------------------                                  *
   26  *      C                                                                      *
   27  *                I=1                                                          *
   28  *       0020     IF(TEMP(I).GT.OGRE) GOTO 60                                  *
   29  *                IF(TEMP(I).LT.UGRE) GOTO 70                                  *
   30  *                IF(TEMP(I)-MITTEL) 30,40,40                                  *
   31  *       0030     IF(MITTEL-TEMP(I).GT.MIGRE) GOTO 80                          *
   32  *       0040     IF(TEMP(I)-MITTEL.GT.MIGRE) GOTO 80                          *
   33  *       0050     I=I+1                                                        *
   34  *                IF(I.LE.12) GOTO 20                                          *
   35  *                STOP                                                         *
   36  *       0060     WRITE(SDA,100) I                                             *
   37  *                GOTO 50                                                      *
   38  *       0070     WRITE(SDA,101)I                                              *
   39  *                GOTO 50                                                      *
   40  *       0080     WRITE(SDA,102) I                                            *
   41  *                GOTO 50                                                      *
   42  *       0100     FORMAT(1H ,'GRENZWERTUEBERSCHREITUNG AN MESSTELLE',I4)       *
   43  *       0101     FORMAT(1H ,'GRENZWERT UNTERSCHRITTEN AN MESSTELLE',I4)       *
   44  *       0102     FORMAT(1H ,'MITTELWERTSABWEICHUNG ZU GROSS AN MESSTELLE',I4) *
   45  *       0103     FORMAT(15F4.1)                                               *
   46  *                END                                                          *
   47  *      $$$$                                                                   *
```

4.13 Die DO-Anweisung

Für den Aufbau einer Laufschleife besitzt die FORTRAN-Sprache eine spezielle Anweisung, mit der sich die Programmierung solcher Schleifen stark vereinfacht. Die Anweisung hat den Aufbau

DO n i = m1, m2, m3

Dabei ist:

n   die Anweisungsnummer der letzten zur Schleife gehörenden Anweisung,
i   der in der Schleife hochaddierte Index,
m_1 der Anfangswert für den Index,
m_2 der Endwert für den Index,
m_3 der Betrag, um den der Index bei jedem Schleifendurchlauf erhöht werden soll.
        Ist $m_3 = 1$, so kann seine Angabe entfallen.

Es ist zu beachten, daß die mit n angegebene letzte Schleifenanweisung keine Sprung-, IF-, Rücksprung-, STOP- oder PAUSE-Anweisung sein darf. In diesen Fällen wird als letzte Anweisung eine Leeranweisung geschrieben in der Form

    CONTINUE

Innerhalb einer DO-Schleife kann sehr wohl ein IF-statement verwendet werden, um ein vorzeitiges Abbrechen des zyklischen Laufes zu bewirken. In diesem Fall wird mit der IF-Anweisung aus der Schleife herausgesprungen, ehe der Laufindex den Endwert m_2 erreicht hat.

Mit Verwendung der DO-Anweisung erhält die Mittelwertsbildung im vorigen Beispiel folgende einfache Form:

```
C     1. TEIL MITTELWERTSBILDUNG
C
C
      SUMME=Ø
      DO 1Ø I=1,12
   1Ø SUMME=SUMME+TEMP(I)
      MITTEL=SUMME/12.
           ⋮
```

● **Aufgabe 4.10**

Es ist die Summe aller Zahlen von A bis B zu berechnen.

$$y = \sum_{x=A}^{x=B} x$$

Die (ganzzahligen)Werte A und B werden aus einer Lochkarte eingelesen:

    A aus Spalte 1—3
    B aus Spalte 4—6

Das Ergebnis soll mit folgendem Ausdruck, beginnend zehn Zeichenabstände vom linken Papierrand, geschehen: (z.B. A = 1, B = 999)

```
       DIE SUMME ALLER ZAHLEN VON   1   BIS 999   BETRAEGT   499500
```

4.14 Indizierte Lese- und Schreibanweisung

Sollen Datenfelder ein- oder ausgegeben werden, so kann hierfür eine indizierte Anweisung verwendet werden, die in ihrem Aufbau einer DO-Schleife entspricht.

▶ **Beispiel**

In einer Lochkarte stehen zwanzig 4-stellige Meßwerte. Es handelt sich um ganze Zahlen, also Variable vom Typ INTEGER. Die Meßwerte sollen indiziert in ein Datenfeld MW übertragen werden.
Die entsprechenden Programmanweisungen müssen dann lauten:

```
      DIMENSION MW(2Ø)
      LKE = 1Ø
      READ(LKE,1ØØ) (MW(I), I=1,2Ø)
1ØØ   FORMAT(2ØI4)
```

Entsprechend läßt sich auch die Druckanweisung WRITE in indizierter Form schreiben.

● **Aufgabe 4.11**

In einem Lastverteiler werden von acht Meßstellen die Wirkleistungen erfaßt. Die Meß-stellen-Nummern und die Leistungswerte werden aus einer Datenkarte entnommen.
Wie lautet der Lesebefehl und die Formaterklärung zum Einlesen der Werte aus der Lochkarte in zwei Datenfelder?

Aufbau der Datenkarte:

Spalte	Inhalt	Variablenname
1	Kartenart	KA
11—26	Datenfeld mit acht Meßstellennummern	MNR
31—70	Datenfeld mit acht Meßwerten, fünfstellig mit zwei Nachkommastellen	WIRKL
79—80	Prüf-Kennzahl	KZ

● **Aufgabe 4.12**

In einer Datenkarte stehen von Spalte 11 bis 50 zehn Meßwerte, 4-stellig mit einer Nach-kommastelle. Die Werte sind in ein Datenfeld zu übertragen. Anschließend ist der größte und der kleinste Wert zu ermitteln und auszudrucken.

● **Aufgabe 4.13**

Von 15 Meßwerten, die aus einer Lochkarte in ein Datenfeld MESSW zu lesen sind, sollen Mittelwert, Varianz und Streuung berechnet werden. Die Daten stehen 4-stellig mit zwei Nachkommastellen ab Spalte 10 der Lochkarte. In Spalte 1 ist eine Kennziffer für die Kartenart angegeben, durch die die Verarbeitung gesteuert wird. Nach der Auswertung einer Meßreihe soll die nächste Datenkarte gelesen werden und die Verarbeitung so lange fortgesetzt werden, bis sie durch eine ENDE-Karte mit der Kartenart 9 beendet wird. Diese Karte enthält keine weiteren Daten.

    Kartenart 1:   Berechnung des Mittelwertes
    Kartenart 2:   Berechnung von Mittelwert und Varianz
    Kartenart 3:   Berechnung von Mittelwert, Varianz und Streuung
    Kartenart 9:   Stop des Programms

Sollten sich Karten mit einer falschen Kartenart (0,4...8) unter den eingelesenen Karten
befinden, so sollen diese nicht weiter bearbeitet werden, sondern die nächste Lochkarte
ist einzulesen.
Die Berechnungen erfolgen nach folgenden Formeln:

$$\text{Mittelwert:} \quad \text{MITTEL} = \frac{1}{15} \cdot \sum_{I=1}^{I=15} \text{MESSW(I)}$$

$$\text{Varianz:} \quad \text{VAR} = \frac{1}{15} \cdot \sum_{I=1}^{I=15} (\text{MESSW(I)} - \text{MITTEL})^2$$

$$\text{Streuung:} \quad \text{STR} = \sqrt{\text{VAR}} \quad (= \text{VAR}^{0,5}!)$$

4.15 Format-Schlüssel E

An Stelle des bereits bekannten Formatschlüssels F läßt sich für REAL-Größen auch der
Formatschlüssel E verwenden. Er wird benutzt, um reelle Daten mit einem Dezimalexpo-
nenten auszugeben, was besonders dann von Wichtigkeit ist, wenn bei Erstellung des Programms die Größenordnung der Daten nicht bekannt ist. Seine Schreibweise stimmt mit
der des Formatschlüssels F überein. Die nach dem Buchstaben E anzugebende Feldlänge
muß so groß gewählt werden, daß neben dem Vorzeichen die Mantisse, der Buchstabe E,
das Vorzeichen des Exponenten und zwei Stellen für den Exponenten Berücksichtigung
finden.
Beispielsweise ergibt der Formatschlüssel E1∅.3 folgenden Ausdruck:

Zahlenwert	gedruckter Wert
∅.∅∅∅∅∅∅27	∅.27∅E−∅6
−21.5	−∅.215E ∅2

4.16 Format-Schlüssel A

Für die Verarbeitung alphanumerischer Daten wird der Formatschlüssel A verwendet,
wodurch gekennzeichnet ist, daß in den betreffenden Speicherplätzen keine numerischen
Daten, sondern Zeichen abzuspeichern sind. Je nach der Art der verwendeten Rechenanlage können in einem Datenwort unter Umständen mehrere Zeichen untergebracht
werden. Wird nur ein Zeichen in einen Speicherplatz gebracht, so heißt der Formatschlüssel dafür

A1

Der Rechner SIEMENS 305 beispielsweise arbeitet mit einer festen Wortlänge von 24 bit
und gestattet es, bis zu vier Zeichen in einem Speicherwort abzustellen. Auf dieser Anlage sind also die Formatschlüssel A1 bis A4 zugelassen.
Im übrigen werden alphanumerische Daten in ihrer Verarbeitung genauso behandelt wie
numerische Daten. Auch sie können indiziert werden und so zu Textfeldern zusammengefaßt werden.

▶ **Beispiel**

In einer Lochkarte steht in den Spalten 20 bis 59 eine Anschrift, die aus der Lochkarte zu lesen ist, um sie später wieder zu drucken. Es soll das Format A4 verwendet werden, so daß insgesamt zehn Speicherplätze zum Unterbringen der 40 Zeichen erforderlich sind.

```
        INTEGER SD
        DIMENSION ANSCHR(1Ø)
        LKE=1Ø
        SD=7
        READ(LKE,1ØØ) (ANSCHR(I), I=1,1Ø)
 1ØØ    FORMAT(19X,1ØA4)
              ⋮

        WRITE(SD,1Ø1) (ANSCHR(I), I=1,1Ø)
 1Ø1    FORMAT(1H ,1ØX,1ØHANSCHRIFT:,1ØA4)
              ⋮
```

4.17 Unterprogramme

Treten an verschiedenen Stellen eines Programms gleichartige Programmfolgen auf, so ist es zweckmäßig, sie als Unterprogramm zu schreiben. Die Programmsteuerung veranlaßt dann einen Absprung auf das Unterprogramm und nach Durchlaufen der Befehlsfolge einen Rücksprung auf die Absprungstelle. (Abb. 4.2)

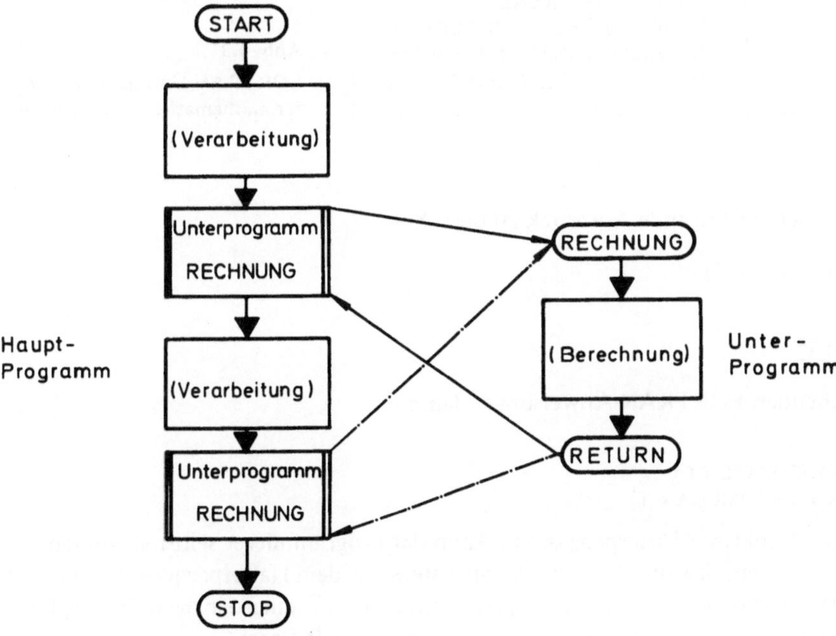

Abb. 4.2 Unterprogrammtechnik

4.17.1 Funktions-Unterprogramme

Der FORTRAN-Compiler stellt dem Benutzer eine Reihe von Funktions-Unterprogrammen für die Berechnung mathematischer Funktionen zur Verfügung. Es handelt sich hierbei um Elementarfunktionen, die bereits in der FORTRAN-Sprache vorhanden sind und die nur durch ihren Namen aufgerufen zu werden brauchen. Die Tabelle (Abb. 4.3) enthält einige der wichtigsten dieser Elementarfunktionen. Die Argumente, für die die Funktionsberechnung durchzuführen ist, werden in Klammern hinter den Funktionsnamen geschrieben, wobei die einzelnen Argumente durch Komma voneinander zu trennen sind.

Funktions-Name	Bedeutung
EXP	e^x
ALOG	$\ln x$
ALOG1∅	$\log x$
SIN	$\sin x$
COS	$\cos x$
ARSIN	$\arcsin x$
ARCOS	$\arccos x$
ATAN	$\arctan x$
TANH	$\tanh x$
SQRT	$\sqrt{x}$
ABS	$|x|$ für x reell (REAL)
IABS	$|x|$ für x ganzzahlig (INTEGER)
FLOAT	Umwandlung INTEGER in REAL
IFIX	Umwandlung REAL in INTEGER

Abb. 4.3
FORTRAN-Unterprogramme
für mathematische Funktionen

Beispielsweise sei der folgende Ausdruck zu berechnen:

$$U = U_{max} \sin(\omega t)$$

$$\text{mit} \quad \omega = \frac{1}{\sqrt{LC}}.$$

Die entsprechenden FORTRAN-Anweisungen lauten:

```
REAL L
OMEGA = 1./SQRT(L * C)
U = UMAX * SIN(OMEGA * T)
```

Entsprechende Funktions-Unterprogramme kann der Programmierer selbst schreiben. Dabei ist zu beachten, daß die Unterprogramme stets vor dem Hauptprogramm übersetzt werden müssen. Handelt es sich um Unterprogramme, die aus einer einzigen Formel bestehen, so kann diese am Anfang des Hauptprogramms in der Form

```
F (A,B,C) = Formel
```

geschrieben werden. Dabei sind A,B,C die Parameter, die in der Formel auftauchen. Im späteren Verlauf des Programms braucht dann nicht mehr die Formel selbst angegeben zu werden, sondern nur ihr Name F mit den in Klammern angefügten aktuellen Parametern.

Besteht das Unterprogramm nicht nur aus einer einzigen Formel, sondern aus einer größeren Folge von Anweisungen, so muß es als eigenständiges Programm vor das Hauptprogramm gestellt werden. Es erhält dann die Form:

```
FUNCTION  NAME (a1,a2, ..., an)
        .
        .
        .
RETURN
END
```

Auch das FUNCTION-Unterprogramm wird nur mit seinem Namen im Hauptprogramm aufgerufen, wobei auch hier wieder hinter dem Namen die aktuellen Parameter a1,a2,...,an anzugeben sind. Die Namen der Parameter können im Haupt- und im Unterprogramm verschieden gewählt werden. Entscheidend für die richtige Zuordnung ist ihre Reihenfolge der Aufzählung in der Klammer.

4.17.2 SUBROUTINE-Unterprogramme

Unterprogramme, deren Ergebnis nicht nur ein einzelner Wert ist, werden in der Form geschrieben:

```
SUBROUTINE  NAME (a1,a2, ..., an)
         .
         .
         .
RETURN
END
```

Eine SUBROUTINE wird im Hauptprogramm folgendermaßen aufgerufen:

```
CALL  NAME (a1,a2, ..., an)
```

Der Name im Aufruf CALL muß dabei mit dem Namen der aufzurufenden SUBROUTINE übereinstimmen. Für den Namen gelten dieselben Regeln wie für Variablennamen. a1,a2,...an sind die aktualen Parameter, die an das Unterprogramm zur Berechnung übergeben werden.

● **Aufgabe 4.14**

In einem Meßstellen-Überwachungsprogramm ist aus drei Meßreihen mit je fünf Meßstellen der Maximal- und Minimalwert einer jeden Meßreihe und anschließend der größte und kleinste Wert zu bestimmen. Verwenden Sie das Maximum/Minimum-Programm aus Aufgabe 4.12 als Unterprogramm!

Das Ergebnis soll in folgender Weise gedruckt werden:

```
            MESSTELLENUEBERWACHUNG
            ----------------------

MESSREIHE              MAXIMUM              MINIMUM

  ANLAGE1              15.7                 11.0
  ANLAGE2              66.6                 18.8
  ANLAGE3              66.8                 11.1

  GESAMT               68.X                 11.0
```

Hinweis für das Druck-Format: Zeilenschaltungen können innerhalb einer Formaterklärung durch Schrägstriche / angegeben werden.

An einem abschließenden Beispiel soll gezeigt werden, wie die Möglichkeiten einer Rechenanlage durch geeignete Unterprogramme erweitert werden können. Da die Sprache FORTRAN keine speziellen Anweisungen für Prozeß-Zugriffe, wie Ein- und Ausgabe von Analog- und Digitalwerten besitzt, wurden hierfür entsprechende Unterprogramme in Assemblersprache erstellt, die von einem Hauptprogramm als FORTRAN-Subroutinen aufgerufen werden können. Dies setzt allerdings voraus, daß die Unterprogramme getrennt vom Hauptprogramm zuvor in den Maschinencode übersetzt wurden und als solche in einer Bibliothek dem Compiler zur Verfügung stehen.

▶ **Beispiel**

Ein Prozeßrechner soll die Aufgabe eines Zweipunktreglers für eine Temperaturregelung übernehmen. Die Erfassung des Istwertes erfolgt durch einen Widerstandsgeber PT 100 als Analogwert. Der Sollwert wird über ein Potentiometer als Gleichspannung ebenfalls analog vorgegeben. Die Stellgröße gelangt über die Digitalausgabe als Schaltbefehl EIN/AUS an ein Heizgerät.
Folgende FORTRAN-Subroutinen sollen verwendet werden:

1. für die Analogeingabe SUBROUTINE AEIN(ANZ,MST,ROHLI)
   ANZ   =   Anzahl der einzugebenden Meßwerte
   MST   =   Liste der Meßstellenadressen am Prozeßelement
   ROHLI   =   Datenfeld mit den eingelesenen Meßwerten. Das Unterprogramm rechnet die Meß-
               werte in Rohwerte um, die in Prozent vom Meßbereichsendwert der jeweiligen
               Meßstelle angegeben sind.

2. für die Digitaleingabe SUBROUTINE DEIN(ADRE,EINBIT)
   ADRE   =   Adresse der Digitaleingabe am Prozeßelement
   EINBIT =   Datenfeld mit den eingegebenen Digitalwerten. Da der Prozeßrechner SIEMENS 305,
               für den die Unterprogramme geschrieben wurden, mit einer Digitaleingabe ein 24 bit-
               Datenwort einliest, werden im Unterprogramm diese 24 Binärstellen auf 24 Speicher-
               plätze im Datenfeld „EINBIT" umgeschlüsselt, deren Inhalte je nach der Binäreingabe
               den Wert Null oder Eins haben.

3. für die Digitalausgabe SUBROUTINE DAUS(AUSBIT,ADRA)
   AUSBIT = Datenfeld mit 24 Werten 0 oder 1 entsprechend der Binärausgabe der 24 bit des
              Ausgabewortes am Prozeßelement
   ADRA   = Adresse der Digitalausgabe am Prozeßelement

Das Regelprogramm soll zyklisch laufen, bis es durch einen Programm-Ende-Schalter gestoppt wird.
In diesem Fall muß sichergestellt sein, daß die Heizung ausgeschaltet ist. Da eine statische Digitalaus-
gabe verwendet wird, würde sonst der letzte Schaltbefehl (möglicherweise also ein Einschaltbefehl)
als Dauersignal erhalten bleiben.
Die Anordnung der Ein- und Ausgabegeräte geht aus der Schaltskizze hervor. Die dort eingetragenen
Adressen sind willkürlich gewählt. Sie hängen vom Rechnertyp und seiner Hardware-Ausstattung ab.

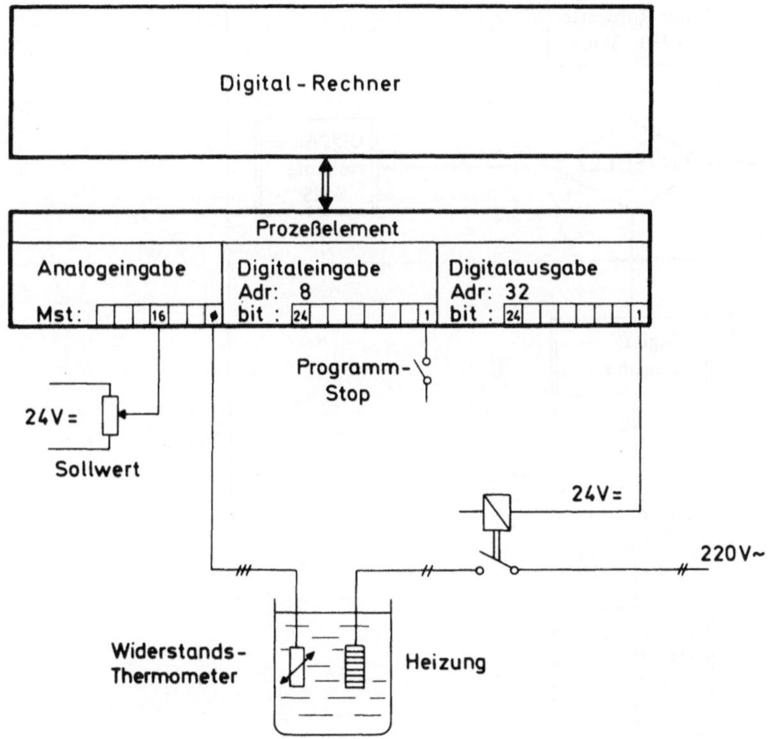

Ablaufdiagramm:

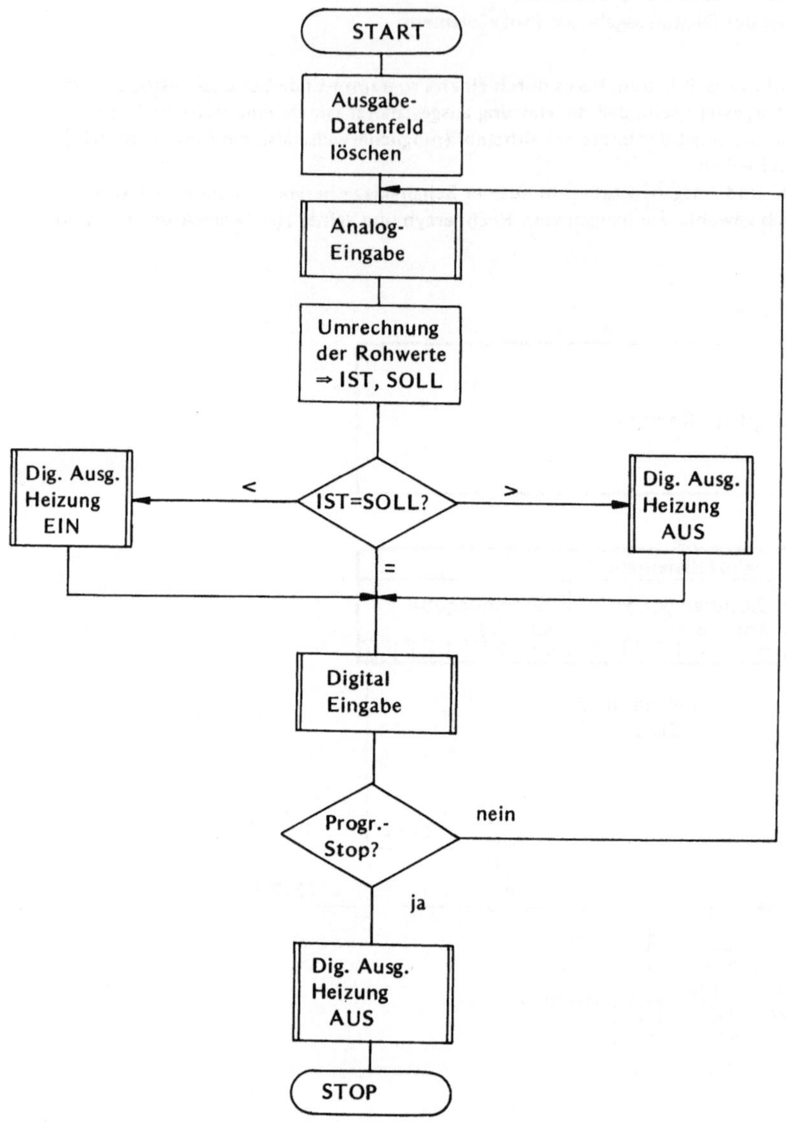

Programm:

```
SIEMENS - FORTRAN IV/305                                              BLATT:   1
* * * * * * * * * * * * * * * * * * * *        FORTRAN-QUELLDATEI: /QUA   MODUL:  MAIN


    1 *
    2 *
    3 *
    4 *      C        PROZESSDATENVERARBEITUNG UEBER SUBROUTINEN                    *
    5 *      C                                                                     *
    6 *               REAL IST                                                     *
    7 *               INTEGER*2 BSA, ANZ, MST(2), ADRE, ADRA, EINBIT(24),AUSBIT(24) *
    8 *               DIMENSION ROHLI(2)                                           *
    9 *      C                                                                     *
   10 *      C        KANAL- UND ADRESSENZUWEISUNGEN                               *
   11 *               BSA=1                                                        *
   12 *               ADRE=8                                                       *
   13 *               ADRA=32                                                      *
   14 *               ANZ=2                                                        *
   15 *               MST(1)=0                                                     *
   16 *               MST(2)=16                                                    *
   17 *      C                                                                     *
   18 *      C        LUESCHEN DES AUSGABEDATEN-FELDES                             *
   19 *               DO 10 I=1,24                                                 *
   20 *         0010 AUSBIT(I)=0                                                   *
   21 *      C                                                                     *
   22 *      C        ANMELDUNG BEIM OPERATOR                                      *
   23 *               WRITE(BSA,100)                                               *
   24 *         0100 FORMAT(1H ,/24HREGELPROGRAMM IN BETRIEB)                      *
   25 *      C                                                                     *
   26 *      C        REGELPROGRAMM                                                *
   27 *         0020 CALL AEIN(ANZ,MST,ROHLI)                                      *
   28 *               IST=ROHLI(1)*5                                               *
   29 *               SOLL=ROHLI(2)                                                *
   30 *               IF(IST-SOLL)30,60,40                                         *
   31 *         0030 HEIZG=1                                                       *
   32 *               GO TO 50                                                     *
   33 *         0040 HEIZG=0                                                       *
   34 *         0050 AUSBIT(1)=HEIZG                                               *
   35 *               CALL DAUS(AUSBIT,ADRA)                                       *
   36 *         0060 CALL DEIN(ADRE,EINBIT)                                        *
   37 *               IF(EINBIT(1))20,20,70                                        *
   38 *         0070 HEIZG=0                                                       *
   39 *               AUSBIT(1)=HEIZG                                              *
   40 *               CALL DAUS(AUSBIT,ADRA)                                       *
   41 *      C                                                                     *
   42 *      C        ABMELDEN BEIM OPERATOR                                       *
   43 *               WRITE(BSA,101)                                               *
   44 *         0101 FORMAT(1H ,/18HREGELPROGRAMM STOP)                            *
   45 *               STOP                                                         *
   46 *               END                                                         *
   47 *         $$$$                                                              


    * * * *    MODUL:  MAIN     PE     277   * * * *
```

4.18 COMMON-Bereich

Sollen für bestimmte Variable im Hauptprogramm wie im Unterprogramm dieselben
Speicherplätze verwendet werden, so werden in beiden Programmen diese durch die
Anweisung

    COMMON a,b,c

als solche gekennzeichnet. Die Namen der Variablen können in beiden Programmen
unterschiedlich sein, entscheidend ist in diesem Falle die Reihenfolge ihrer Aufzählung
für die Zuordnung der Speicherplätze im COMMON-Bereich. Solche Variable brauchen
nicht mehr in der Argumentliste beim Aufruf des Unterprogramms angegeben zu werden.

4.19 Die DATA-Anweisung

Mit dieser Anweisung können Speicherplätzen bei der Bereitstellung des Programms, d. h.
vor seinem ersten Start, Werte oder Literale zugewiesen werden. Sie eignet sich beispielsweise gut zur Zuweisung alphanumerischer Texte an bestimmte Speicherplätze oder auch
zum Löschen von Datenfeldern.

▶ Beispiel

Die Speicherplätze zweier Datenfelder sind mit Konstanten zu belegen und in zwei Text-Speichern
sind Literale bereitzustellen:

```
DIMENSION X(6), Y(4,5)
DATA X/6*2.∅/,Y/2∅*∅.∅/,WORT1/4HNEIN/,WORT2/2HJA/
```

Erklärung: Mit dieser Zuweisung werden bei der Programmbereitstellung den Variablen im Datenfeld X der Wert 2.∅ und allen Speichern im Datenfeld Y der Wert ∅ zugewiesen. Außerdem werden
im Speicher „WORT1" die Buchstaben NEIN und im Speicher „WORT2" die Buchstaben JA abgestellt.

5 Prozeßrechner

5.1 Aufgaben des Prozeßrechners

Während die Anwendung datenverarbeitender Maschinen anfangs vorwiegend im kaufmännischen Bereich lag, gewinnt sie heute in ständig zunehmendem Maße auch für technische Zwecke an Bedeutung. Betrachten wir beispielsweise einmal die Schaltwarte eines Kraftwerkes, so wird deutlich, daß die Arbeit des Schaltmeisters ein Informationsverarbeitungsproblem ist. Im ungestörten Betrieb hat er die Anlage zu überwachen, wozu ihm die erforderlichen Betriebszustandsmeldungen über eine große Anzahl von Anzeige- und Meldeeinrichtungen übermittelt werden. Stellt er Unregelmäßigkeiten fest, so hat er durch entsprechende Steuerinformationen für die erforderlichen Korrekturen zu sorgen. Genau dieses Arbeitsprinzip haben wir jedoch anfangs als das der Datenverarbeitung erkannt: Es werden über eine Dateneingabe Informationen in den Rechner gespeist und in Abhängigkeit ihrer Verarbeitung wiederum Informationen über die Datenausgabe herausgegeben.

Bis hierher ließe sich diese Aufgabe mit jeder beliebigen Datenverarbeitungsanlage bewältigen, wenn sie nur über die entsprechenden Ein- und Ausgabeeinrichtungen verfügt. Das Bild ändert sich, wenn man die Aufgaben betrachtet, die der Schaltmeister bei Betriebsumstellungen oder im Störungsfall zu übernehmen hat. Er muß bei seinen Entscheidungen die Rückwirkungen seiner Maßnahmen auf den technischen Prozeß beachten und darüberhinaus eine Dringlichkeitsreihenfolge der einzelnen Vorgänge festlegen. Routinearbeiten müssen zugunsten vorrangiger Arbeiten unterbrochen und bis zu deren Erledigung zurückgestellt werden. Versieht man eine Datenverarbeitungsanlage mit solchen Eigenschaften, so ist sie in der Lage, auch Aufgaben der Prozeßtechnik zu übernehmen.

In grober Zusammenfassung fallen den Prozeßrechnern zwei Aufgaben zu:

— Prozeßüberwachung
— Prozeßlenkung

Zur Erfüllung dieser Aufgaben müssen sie gegenüber normalen Datenverarbeitungsmaschinen folgende zusätzliche Eigenschaften aufweisen: Sie müssen Prozeßinformationen, wie Meßwerte und Schalterstellungsmeldungen im Echtzeitbetrieb (realtime) bearbeiten, d.h. die Informationen müssen in dem Augenblick ihrer Entstehung verarbeitet werden. Dazu sind auf der Datenein- und -ausgabeseite entsprechende Signalformer und Koppelgeräte zwischen Rechner und technischem Prozeß erforderlich. Weiterhin muß der Simultanbetrieb mehrerer Programme mit einer rechnerinternen Verwaltung über eine Prioritätssteuerung möglich sein, sowie die Programmunterbrechung durch entsprechende Anforderungssignale im Störungsfall.

5.2 Betriebsarten von Prozeßrechnern

Während die reine Anlagenüberwachung keine Probleme hinsichtlich der Verfügbarkeit des Prozeßrechners mit sich bringt, tauchen solche sofort auf, sobald ihm auch die Prozeßlenkung übertragen werden soll, da ja ein Ausfall der Rechenanlage in diesem Fall unter Umständen den Zusammenbruch des gesamten technischen Betriebes zur Folge haben könnte. Schon die Automatisierung technischer Vorgänge mit herkömmlichen Steuer- und Regeleinrichtungen berücksichtigt solche Überlegungen, indem man nach Möglichkeit eine weitgehende Dezentralisierung der Automation anstrebt. Störungen der Automatikgeräte wirken sich dann nur noch auf einen begrenzten Bereich der Anlage aus. Ähnliche Überlegungen sind auch beim Einsatz von Prozeßrechnern angebracht. Bedingt durch neue Technologien vollzog sich in den vergangenen Jahren eine Entwicklung von den Großrechenanlagen über die Anlagen der mittleren Datentechnik zu Kleinrechnern und Mikroprozessoren. Damit ist es heute möglich, in der Prozeßautomatisierung auch dezentral kleine Prozeßrechner einzusetzen, welche abgegrenzte Bereiche überwachen und steuern. Sie können durch eine übergeordnete Rechenanlage zentral zusammengefaßt und geleitet werden. Auf diese Weise ergibt sich auch im technischen Bereich eine Rechnerhierarchie mit einem Zentralrechner und einer größeren Anzahl intelligenter Terminals, wie sie bei kommerziellen Systemen schon länger üblich ist. Besonders augenfällig wird dieser Strukturwandel in der Entwicklung der Mikroprozessortechnik, die zu einer breitgestreuten Anwendung vieler dezentral angeordneter Kleinrechner geführt hat.

Je nach dem Grad der Automatisierung eines Betriebes, angefangen vom manuellen Betrieb, bei dem der Rechner nur eine Entscheidungshilfe liefert, bis zum vollautomatischen Betrieb können grundsätzlich folgende drei Betriebsarten für Prozeßrechner unterschieden werden:

a) Betrieb mit prozeßparellelem Rechner (Abb. 5.1).

   Die Prozeßdaten werden von Hand in den Rechner eingegeben und die Prozeßkorrekturen anhand der vom Rechner gemeldeten Ergebnisse ebenfalls von Hand ausgeführt.

b) Betrieb mit offenprozeßgekoppeltem Rechner (Abb. 5.2).

   Die Prozeßdaten gelangen unmittelbar in den Rechner, die Korrekturen werden jedoch anhand der Rechenergebnisse von Hand ausgeführt.

c) rechnergesteuerte Prozeßführung nach einem mathematischen Modell mit geschlossenprozeßgekoppeltem Rechner (Abb. 5.3).

   Der Rechner ist eingangs- und ausgangsseitig mit dem Prozeß verbunden. Er steuert den Prozeß nach einem Prozeßmodell.

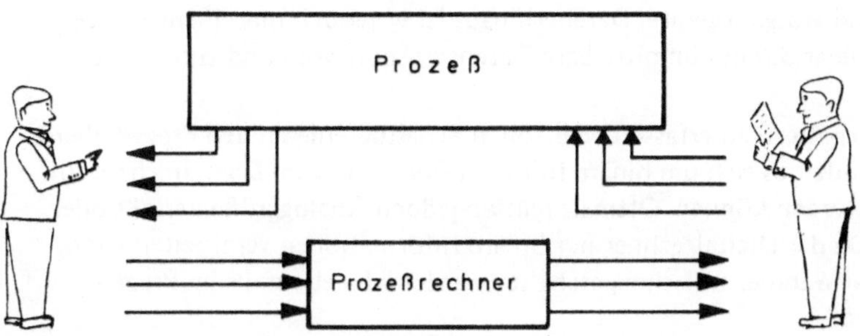

Abb. 5.1 Offline-Betrieb

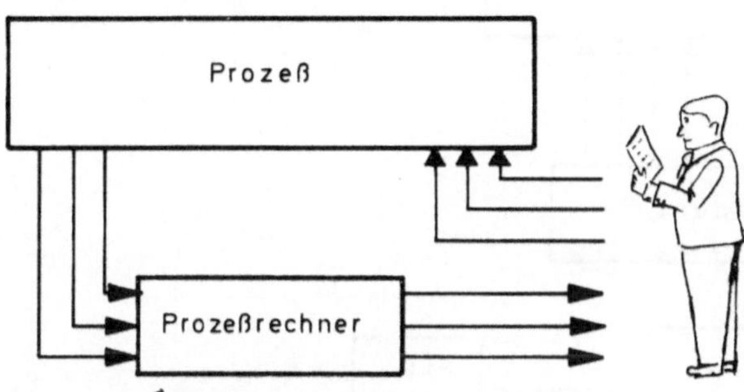

Abb. 5.2 Online-Open-Loop-Betrieb

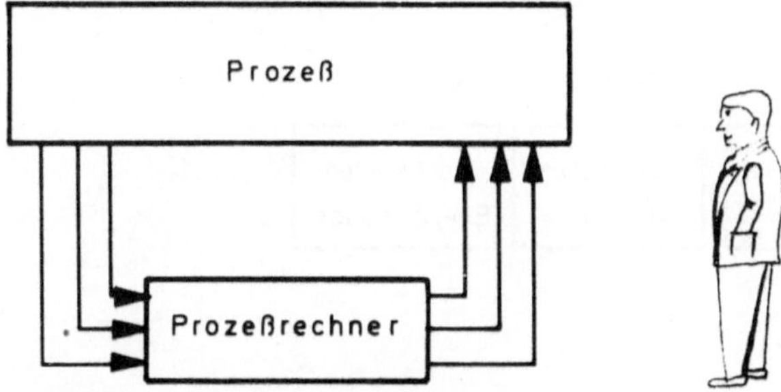

Abb. 5.3 Online-Closed-Loop-Betrieb

5.3 Struktur des Prozeßrechners

Grundsätzlich entspricht der Aufbau eines Prozeßrechners dem einer Datenverarbeitungsanlage für kommerzielle Aufgaben. Auch der Prozeßrechner besitzt die üblicherweise be-

nutzten Daten-Ein- und Ausgabegeräte. Darüberhinaus ist er jedoch mit einem Prozeßelement ausgestattet, über das der unmittelbare Datentransport vom und zum Prozeß
erfolgt. (Abb. 5.4)

Ist die Stellung von Schaltern zu erfassen oder sollen Schaltbefehle an den Prozeß übermittelt werden, so handelt es sich um binäre Informationen, die vom Digitalrechner unmittelbar bearbeitet werden können. Oftmals müssen jedoch Analoggrößen erfaßt oder
übermittelt werden. Da der Digitalrechner nur binäre Informationen verarbeiten kann,
müssen Analog/Digital-Wandler zwischengeschaltet werden, die ebenfalls im Prozeßelement enthalten sind.

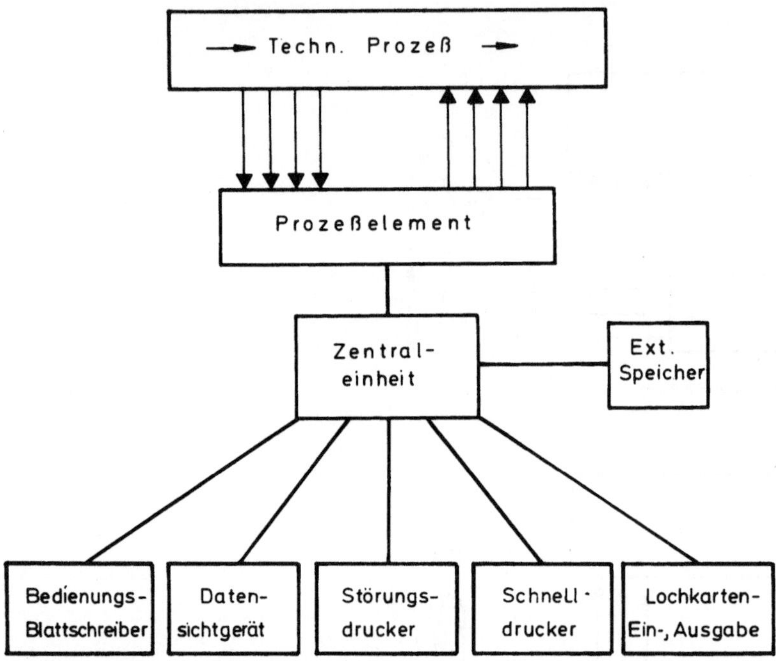

Abb. 5.4 Struktur einer Prozeßrechenanlage

5.4 Betriebssystem des Prozeßrechners

Zu dem Betriebssystem einer Datenverarbeitungsanlage rechnet man unter anderem ihr
internes Arbeitsprogramm, mit dem die Zentraleinheit und die angeschlossenen peripheren
Geräte gesteuert werden. Üblicherweise wird dieses Organisationsprogramm in den Arbeitsspeicher des Rechners übertragen und dort genau wie ein Anwenderprogramm abgearbeitet.
Prinzipiell gehen alle Betriebssysteme von einer internen Organisation aus, die Simultanarbeit verschiedener peripherer Geräte ermöglicht. Dadurch läßt sich der Arbeitsablauf
wesentlich rationalisieren und eine sehr viel höhere Verarbeitungsgeschwindigkeit erzielen.

Soll beispielsweise ein langsames externes Gerät, etwa ein Drucker, eine Operation ausführen, so überträgt die Zentraleinheit die entsprechenden Informationen an die Elektronik der Druckeinrichtung, kümmert sich dann jedoch nicht mehr um ihre Ausführung. Dafür hat jetzt eine interne Steuerung des Peripheriegerätes zu sorgen. Während der Zwischenzeit kann die Zentraleinheit weiterarbeiten und möglicherweise auch im Anwenderprogramm schon fortfahren.

Nehmen wir zum Beispiel einmal an, daß in einem Anwenderprogramm zunächst ein Datensatz 1 über ein externes Gerät einzugeben ist (E1). Anschließend erfolgt die Verarbeitung dieser Daten (V1), woran sich die Ausgabe über ein externes Ausgabegerät anschließt (A1). Soll entsprechend mit einem Datensatz 2 verfahren werden, so müßte, wenn keine Simultanarbeit der Geräte vorgesehen ist, im Anschluß an die Datenausgabe des ersten Datensatzes mit der Eingabe des zweiten begonnen werden (E2). Die Zentraleinheit, die ja nur während der Verarbeitungsphase in Tätigkeit ist, wäre dabei nur schlecht ausgelastet, wie aus Abb. 5.5 zu ersehen ist.

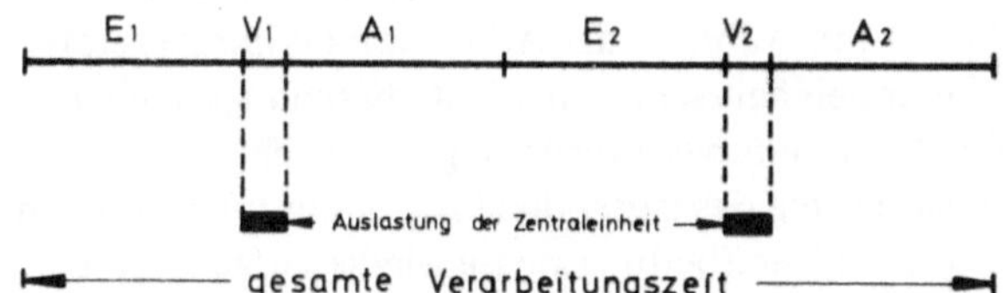

Abb. 5.5
Betrieb ohne Simultanarbeit

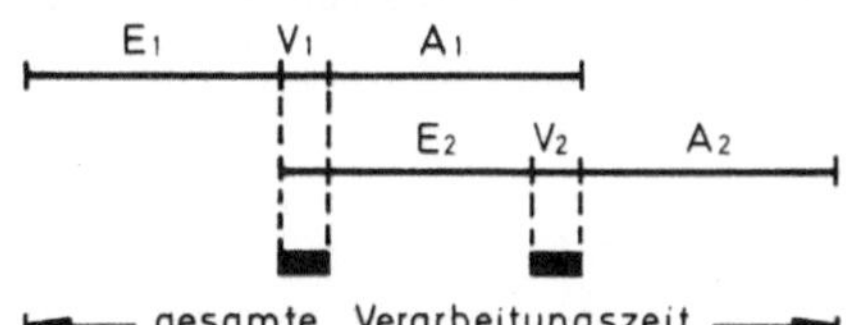

Abb. 5.6
Simultanbetrieb der Geräte

Die gesamte Verarbeitungszeit läßt sich durch ein Ineinanderschachteln der Operationen in den Peripheriegeräten stark verkürzen (Abb. 5.6). Während noch die Verarbeitung des ersten Datensatzes in der Zentraleinheit erfolgt, könnte bereits das Eingabegerät mit dem Einlesen des zweiten Datensatzes beginnen. Inzwischen ist die Verarbeitung 1 beendet und die Ausgabe A1 hat begonnen. Die Zentraleinheit ist damit wieder frei und kann unmittelbar nach der Eingabe E2 mit der Verarbeitung V2 beginnen. Wurde inzwischen die Ausgabe A1 abgeschlossen, so kann ohne Zeitverzug unmittelbar nach Beendigung der Verarbeitung V2 mit der Ausgabe des zweiten Datensatzes A2 begonnen werden. Auch das Prozeßelement, das wie ein Peripheriegerät an eine Standardschnittstelle der Zentraleinheit angeschlossen ist, wird simultan mit anderen Geräten betrieben. Sollen

beispielsweise Meßwerte aus einem technischen Prozeß übernommen werden, so gibt die
Zentraleinheit eine entsprechende Information mit den Parametern, wie Meßstellen-
adresse und -anzahl, an das Prozeßelement ab. Dieses muß dann selbständig die Übertragung der Meßwerte von den Meßfühlern an die Signalformer und von dort in einen
Pufferspeicher veranlassen. Nach Abschluß dieses Vorganges, der vor allem bei integrie-
renden Analogeingaben verhältnismäßig langsam abläuft, können die gewünschten Informationen vom Prozeßelement in den Arbeitsspeicher des Rechners übertragen werden.
In der Zwischenzeit stand die Zentraleinheit für andere Arbeiten zur Verfügung.

Die vielfältigen Aufgaben, die ein Prozeßrechner in der Überwachung und Lenkung technischer Prozesse zu übernehmen hat, können nicht in vorgegebener starrer Reihenfolge
abgewickelt werden. Veränderungen im Betriebsgeschehen, insbesondere beim Auftreten
von Störungen, verlangen unter Umständen einen Abbruch der gerade laufenden Routinearbeiten, um zunächst vorrangige Aufgaben zu erledigen. Nach deren Abschluß kann dann
mit der Weiterbearbeitung der unterbrochenen Abläufe fortgefahren werden.

Eine solche Betriebsweise ist nur durch *Multiprogramming* möglich. Dabei werden die
verschiedenen Aufgaben, die der Rechner auszuführen hat, in einzelne selbständige Programme aufgeteilt, die untereinander mit einer Prioritätsrangfolge versehen werden. Für
das Betriebssystem bedeutet dies, daß nicht nur während der Arbeit von Peripheriegeräten
sondern auch während der Arbeit der Zentraleinheit selbst eine Unterbrechungsmöglich-
keit vorgesehen wird. Liegt nämlich eine Verarbeitungsanforderung von einem Programm
mit höherer Priorität vor, so wird die Bearbeitung des laufenden Programms unterbrochen
und erst nach Beendigung der eingeschobenen Verarbeitungsphase wieder aufgenommen.

Abb. 5.7 zeigt an einem Beispiel die Simultanarbeit dreier Programme, bei denen gleichzeitig eine Eingabephase (E1) auf drei verschiedenen Peripheriegeräten läuft. Das Programm 3 hat als erstes diese Eingabe abgeschlossen und geht sogleich zur Eingabe E2 über,
zu der simultan die Verarbeitung V1 abläuft. Daran schließt sich die Ausgabe A1 an, mit

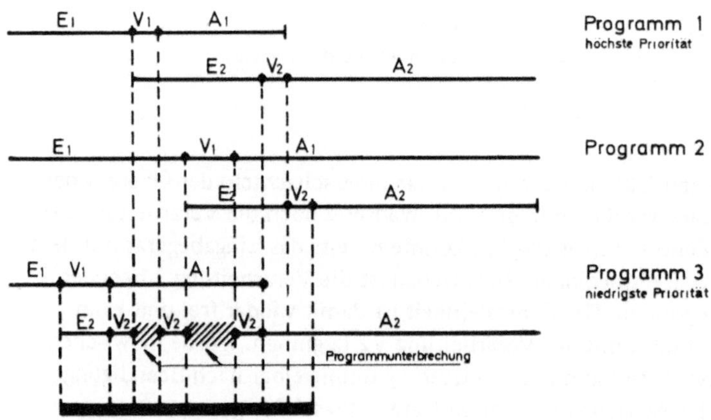

Abb. 5.7 Simultanarbeit der Programme

der gleichzeitig auch die Verarbeitungsphase V2 beginnt. Jetzt wurde jedoch die Verarbeitungsphase E1 im Programm 1 abgeschlossen, für das nunmehr die Verarbeitung V1 zu folgen hat. Da dieses Programm eine höhere Priorität besitzt, wird die Verarbeitung V2 im Programm 3 unterbrochen und erst nach Abschluß der Arbeiten im Programm 1 wieder aufgenommen. Eine solche Unterbrechung kann mehrfach erfolgen. Im dargestellten Beispiel fordert das Programm 2 am Ende seiner Eingabephase ebenfalls Verarbeitungszeit an, die durch eine erneute Unterbrechung des Programms 3 gewährt wird. Die Zentraleinheit ist bei dieser Betriebsweise optimal ausgelastet. Meldet sich bei ihr ein Programm zur Verarbeitung, beispielsweise dadurch, daß eine externe Operation abgeschlossen ist, so wird es vom Organisationsprogramm in eine Warteschlange eingetragen, in der es nach Reihenfolge der Prioritäten und des Eintreffens der Bearbeitungsanforderung abgearbeitet wird. Der automatische Start eines Programms hat gelegentlich auch rein zeitabhängig zu erfolgen, beispielsweise bei der regelmäßigen Kontrolle von Meßwerten oder ihrer Protokollierung. Zu diesem Zweck muß der Prozeßrechner über einen entsprechenden Baustein im Prozeßelement verfügen, der es gestattet, die gewünschten Zeitintervalle zu erzeugen. Damit lassen sich dann auch zeitabhängige Steuerungen in Prozeßrechenprogrammen abwickeln.

Neben der Möglichkeit, verschiedene Programme im Simultanbetrieb zu bearbeiten, muß das Betriebssystem eines Prozeßrechners darüberhinaus echte Programmunterbrechungen ausführen können, wenn das Betriebsgeschehen dies verlangt. Solche Programmunterbrechungen werden durch eine binäre Anforderung im Prozeßelement ausgelöst. Damit kann auch die Bearbeitung eines bis dahin ruhenden Programms, das beispielsweise nur bei auftretenden Betriebsstörungen eingreifen soll, und das mit höchster Prioritätsstufe versehen ist, zur sofortigen Bearbeitung aufgerufen werden. Die anderen jetzt unterbrochenen Programme können erst dann weiter bearbeitet werden, wenn das Programm mit der höchsten Priorität dies gestattet.

5.5 Programmierung von Prozeßrechnern

Die Programmierung von Prozeßrechnern unterscheidet sich in keiner Weise von der bei kommerziellen Datenverarbeitungsanlagen. Allerdings müssen die Sprachen Möglichkeiten enthalten, Prozeßinformationen unmittelbar zu verarbeiten. Sie müssen logische Verknüpfungen binärer Daten gestatten und den unmittelbaren Zugriff auf einzelne Binärstellen eines Datenwortes ermöglichen. Da solche Vorgänge in enger Beziehung zur Hardware des Rechners stehen, lassen sie sich in der Regel nur mit maschinenorientierten Sprachen, also mit Assemblersprachen bewältigen. Hinzu kommt noch die Forderung nach der Unterbringung möglichst vieler Programme im Arbeitsspeicher und nach höchstmöglicher Verarbeitungsgeschwindigkeit. Nicht zuletzt aus diesen zuletzt genannten Gründen werden Prozeßrechner heute vorwiegend in Assemblersprachen programmiert, wenngleich die technische Entwicklung der letzten Jahre, die zu immer größeren Arbeitsspeicherkapazitäten und zu höheren Verarbeitungsgeschwindigkeiten geführt hat, diese Gründe nicht mehr als so gravierend erscheinen lassen.

Maschinenunabhängige problemorientierte Sprachen für Prozeßrechner fordern bis zu
einem gewissen Grade auch eine Normierung der Rechnerhardware. Mit dem heute bevorzugten Übergang auf 16-bit Systeme sind solche Ansätze bereits zu erkennen, und es darf
erwartet werden, daß in absehbarer Zeit auch problemorientierte Prozeßrechnersprachen
wie beispielsweise PEARL (*process and experiment automation realtime language*) allgemeine Anwendung finden. Bis dahin versucht man sich durch Kombinationen von problemorientierten und Assemblersprachen zu behelfen wie beispielsweise Prozeß-FORTRAN,
bei dem der Übersetzer es gestattet, in einem FORTRAN-Programm eingeschobene Pro-
grammabschnitte in Assemblersprache zu verarbeiten. Einschränkend muß an dieser Stelle
jedoch erwähnt werden, daß die sprunghafte Entwicklung der Mikroprozessortechnik zunächst wieder eine Rückkehr zu maschinenorientierten Sprachen zur Folge hat. Teilweise
müssen Mikrocomputer sogar unmittelbar in Maschinensprache programmiert werden.

Die starke Hardware-Orientierung prozeßtechnischer Programme sei an einigen Beispielen
der Steuerungstechnik verdeutlicht, die in maschinenorientierter Sprache des Modellrechners aus Abschnitt 1.6.4 und in der Assemblersprache PROSA für den Prozeßrechner
SIEMENS 305 erstellt werden:

▶ **Beispiel 1**

Ein von einem Schalter übermitteltes Binärsignal soll als Schaltsignal an einen Motor weitergegeben
werden. Der Schalter ist an der Digitaleingabe, der Motor an der Digitalausgabe des Prozeßrechners
angeschlossen, und zwar jeweils auf dem gleichen Bit des Eingabe- wie Ausgabewortes (z.B. auf Bit 1).

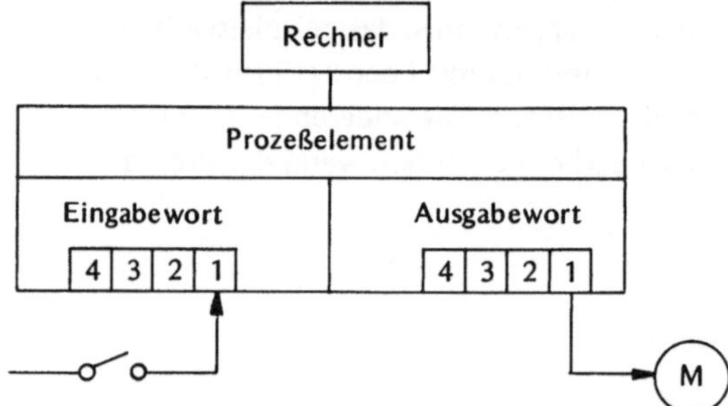

In unserem einfachen Beispiel genügt es, das Eingabewort über einen Pufferspeicher des Rechners
direkt auf das Ausgabewort zu kopieren. Normalerweise sind die einzelnen Binärstellen jedoch für
ganz verschiedene Zwecke vorgesehen, so daß eine Einzelaufbereitung erfolgen muß, bei der das betreffende Bit des Eingabe- und Ausgabewortes gezielt angesprochen werden muß, während die übrigen Binärstellen unberücksichtigt und unverändert bleiben.

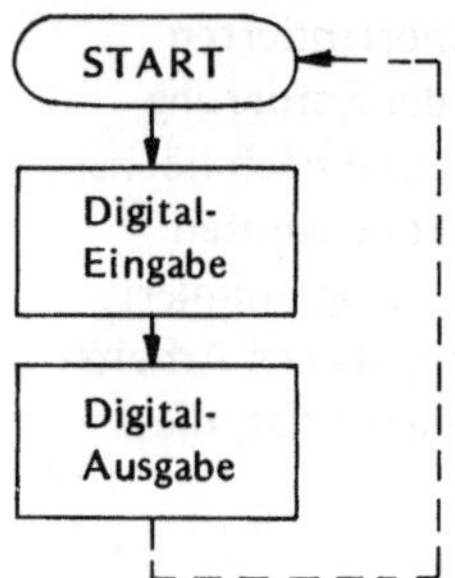

Um ein testfähiges Programm mit kontinuierlichem
Ablauf zu erhalten, kann am Schluß ein Sprung auf
START erfolgen.

Programm für den Modellrechner

```
0   EIN   1
1   AUS   1
2   SPR   0
```

Als Pufferspeicher für Eingabe und Ausgabe
ist das Register 1 benutzt worden.

PROSA-Programm

```
SIEMENS PROSA:   E300 V1   10 DAT:                        BLATT:     2
MABI:MABI UPBI:UPBI PROSA-DATEI::PRS PN:BSP1 SZ:          PREL:      0


      5                                    PN    BSP1              BEISPIEL 1



      6                                    SZ    VOSS
      7      0 00000        START          MA    DGEI=8,PUFFER   DIGITALEINGABE VON ADR, 8
      8      5 00005                       MA    DGAU=PUFFER,32  DIGITALAUSGABE NACH ADR 32
      9      6 00006    0                  SPR   START
     10      7 00007        PUFFER         HZ
     11                                    PE
```

Erläuterung: Die Digitaleingabe erfolgt vom Eingabewort des Prozeßelementes mit der Hardware-
Adresse 8, die Ausgabe zum Ausgabewort mit der Adresse 32. Als Zwischenspeicher wird im Arbeits-
speicher das symbolisch mit „Puffer" adressierte Speicherwort benutzt. Die Operationsanweisung
„MA" bezeichnet in dieser Assemblersprache einen Makro-Aufruf. Darunter versteht man eine fest-
gelegte Befehlsfolge, die bei der Programmübersetzung in das Programm eingebunden wird.
Im vorliegenden Beispiel werden die für die Digitaleingabe und -ausgabe erforderlichen Befehle aus
einer Makrobibliothek entnommen, die dem Assembler mitgegeben ist. Die weiteren Definitions-
Abkürzungen haben folgende Bedeutung:

PN   Programmname
SZ   Satzname, ein Programm kann mehrere Sätze enthalten
HZ   Hilfszelle
PE   Programm-Ende

● **Aufgabe 5.1**

Programme, die sich in einer Endlosschleife aufhängen, führen zur Blockierung des
Rechners. Daher soll für das vorige Beispiel ein Schalter an bit 2 des Eingabewortes vorgesehen werden, über den der Programmlauf wieder gestoppt werden kann.

▶ **Beispiel 2**

Die Ein- und Ausgabe der Binärsignale erfolge auf verschiedenen Binärstellen:

Schaltersignal an Bit 1 des Eingabewortes
Motorsignal an Bit 2 des Ausgabewortes
Außerdem soll an Bit 2 des Eingabewortes wieder ein Schalter für den Stop des Programmlaufes
angeschlossen werden.

Bei der Eingabe muß die betreffende Binärstelle des Eingabewortes mit Hilfe einer Maske über einen
logischen Befehl ausgeblendet und bei der Ausgabe auf entsprechende Weise eine „0" bzw. „1" in
die jeweilige Binärstelle des Ausgabepuffers hineingeschossen werden.

Die Abfrage der ersten Binärstelle im Eingabepuffer kann mit einer Maske, die nur dort eine „1" und an allen anderen Stellen eine „0" besitzt, und einem logischen UND-Befehl erfolgen:

Eingabepuffer	xxx1	xxx0
Maske	0001	0001
UND =	0001	0000

Das Einschießen einer „1" in Bit 2 des Ausgepuffers geschieht mit einer entsprechenden Maske über den logischen ODER-Befehl:

Ausgabepuffer vorher	xx0x	
Maske	0010	
ODER =	xx1x	= Ausgabepuffer nachher

Für das Einschießen einr „0" in den Ausgabepuffer verknüpft man ihn mit einer Komplementärmaske nach dem logischen UND:

Ausgabepuffer vorher	xx1x	
Maske	1101	
UND =	xx0x	= Ausgabepuffer nachher

Ablaufdiagramm

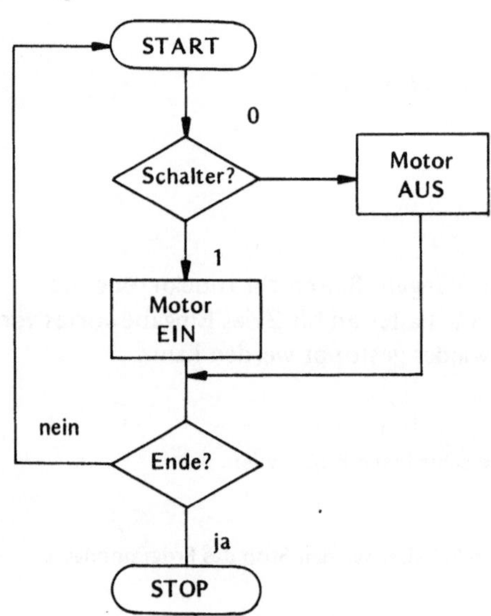

Modellrechnerprogramm

```
 5 EIN  0
 6 LAD 2    Maske Schalter
 7 UND 0
 8 SGN 13   Schalter=0
 9 LAD 3    Maske Motor EIN
10 ODR 1
11 SPE  1   Ausgabepuffer vorber.f.EIN
12 SPR 16
13 LAD 4    Maske Motor AUS
14 UND 1
15 SPE  1   Ausgabepuffer vorber.f.AUS
16 AUS 1    Schaltbefehl
17 SPR  5
```

Speicherbelegung:

Speicher	Inhalt
0	Eingabepuffer
1	Ausgabepuffer
2	Maske 0001
3	Maske 0010
4	Maske 1101

Das Programm wurde nicht ab Adresse 0 geschrieben, weil zunächst in einem kleinen Eingabeprogramm die Bereitstellung der Masken im Datenspeicher vorgenommen werden muß:

```
0 EIN 2    Eingabe 0001
1 EIN 3    Eingabe 0010
2 EIN 4    Eingabe 1101
3 SPR 5    Sprung auf START
```

Im folgenden *PROSA-Programm* **ist der Programmstop über den zweiten Schalter, der im Modellrechnerprogramm fortgelassen wurde, eingebaut:**

```
SIEMENS PROSA:   E300 V1  10 DAT:=05.10.1            BLATT:      2
MABI::ABI UPBI:UPBI PROSA-DATEI::PRS PN:BSP2 SZ:     PREL:      .0


   5                              PN    BSP2         BEISPIEL 2  MOTORSTEUERUNG



   6                                    SZ    VOSS
   7      0  00000           START       MA    DGEI=8,EINPUF
   8      3  00003    20                 TEP   MASKE1          ABFRAGE SCHALTER 1
   9      4  00004    23                 UND   EINPUF
  10      5  00005    17                 SGN   MOTAUS
  11      6  00006    20                 TEP   MASKE1          MOTOR EIN
  12      7  00007    24                 ODR   AUSPUF
  13      8  00010    24    SCHALTEN TAS AUSPUF
  14      9  00011                       MA    DGAU=AUSPUF,32
  15     12  00014    21    ENDE        TEP   MASKE2          ABFRAGE PROGRAMMSTOP-SCHALTER
  16     13  00015    23                 UND   EINPUF
  17     14  00016     0                 SGN   START
  18     15  00017                       MA    ENDE            STOP
  19     17  00021    22    MOTAUS      TEP   MASKE3          MOTOR AUS
  20     18  00022    24                 UND   AUSPUF
  21     19  00023     8                 SPR   SCHALTEN
  22     20  00024           MASKE1      BM    00000000000000000000000001
  23     21  00025           MASKE2      BM    00000000000000000000000010
  24     22  00026           MASKE3      BM    11111111111111111111111110
  25     23  00027           EINPUF      HZ
  26     24  00030           AUSPUF      HZ
  27                                     PE
```

Dem LAD-Befehl des Modellrechners entspricht hier der Befehl TEP, dem SPE-Befehl die Anweisung
TAS. Sonst sind die symbolischen Operationsanweisungen beider Sprachen praktisch identisch. Die
Abkürzung BM kennzeichnet ein Binärmuster, das bei der Programmbereitstellung in die betreffende
Arbeitsspeicherzelle geladen wird.

● **Aufgabe 5.2**

Die Stellungen der Schalter eines Hochspannungsschaltfeldes mit Doppelsammelschiene
sind auf einem Blindschaltbild mit Lampen zur Anzeige zu bringen.

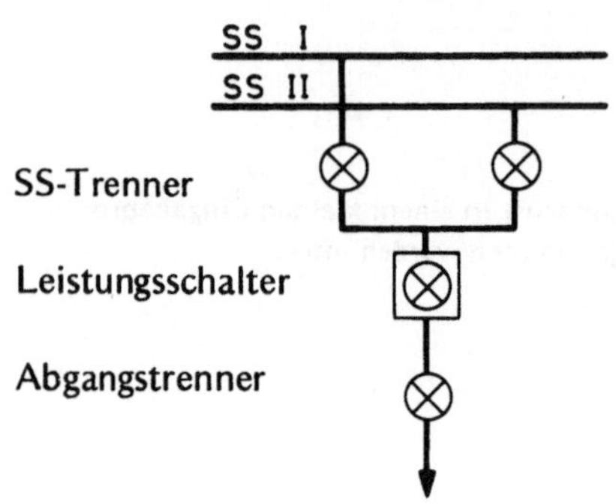

Die Belegung der Binärstellen auf der Ein-
gabe- und Ausgabeseite soll für die jeweiligen Schalter-Hilfskontakte und Anzeige-
lampen gleichlautend sein.

● **Aufgabe 5.3**

Das Blindschaltbild des Hochspannungsschaltfeldes enthält für den Leistungsschalter an
Stelle einer Lampe einen Stellungsanzeiger, der für die jeweilige Schalterstellung EIN/AUS
ein Dauersignal auf einer gesonderten Klemme erfordert.

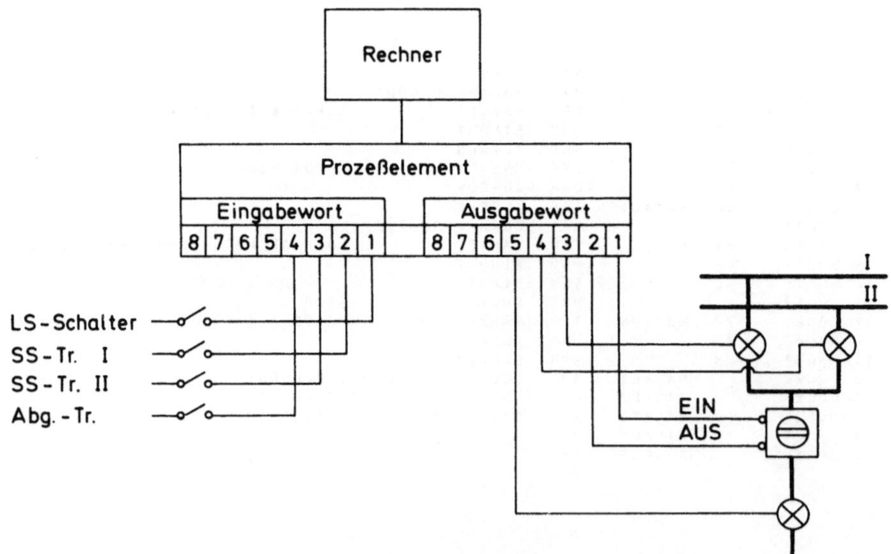

● **Aufgabe 5.4**

An einer Werkzeugmaschine wird ein Motor durch einen Endschalter e1 eingeschaltet
und durch einen zweiten Endschalter e2 wieder ausgeschaltet. Die gleichzeitige Betätigung beider Schalter ist von der Konstruktion her ausgeschlossen.

Eingabe	Bit 1 = e1	Die Signalverarbeitung muß die Wirkung einer
	Bit 2 = e2	Speicherfunktion enthalten, weil die Signale der
Ausgabe	Bit 1 = Motor	Endschalter nur Start-/Stop-Befehle sind, die nicht
		für die Dauer der Betriebszustände aufrechterhalten
		bleiben.

● **Aufgabe 5.5**

Ändern Sie das in der Lösung zu Aufgabe 5.4 angegebene Programm so ab, daß bei einer
durch eine Störung in einem Endschalter verursachten gleichzeitigen Kontaktgabe beider
Schalter e1 und e2 der Stop-Befehl für den Motor Vorrang erhält.

● **Aufgabe 5.6**

Der Lastenaufzug einer Betonmischanlage wird durch eine Seilwinde auf- und abgezogen.
Die Steuerung erfolgt durch drei Drucktaster (b1 = AUF, b2 = AB, b3 = STOP). Nach
Betätigung einer Taste soll der Motor so lange laufen, bis er durch eine andere Taste ge-
stoppt oder umgeschaltet wird, oder bis er durch einen der beiden Endschalter e1 oder
e2 gestoppt wird.
Wird die Silotür geöffnet, muß der Betrieb des Motors unterbrochen werden, falls die
Aufwärtsbewegung im Gange ist oder durch den Taster b1 eingeleitet wird. (Der
Schalter e3 gibt bei geschlossener Tür ein 1-Signal.)

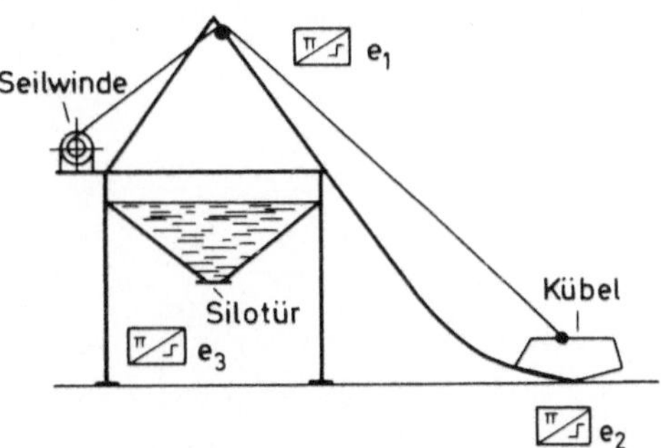

5.6 Programm-Systeme

Die flexible Arbeitsweise von Prozeßrechnern, die einen ständigen Wechsel zwischen verschiedenen Programmen ermöglichen muß, erfordert eine Aufteilung der gesamten Daten-
verarbeitungsaufgaben eines Prozesses in einzelne Programme, die mit der vorgesehenen
Priorität zur Verarbeitung gelangen. Diese Gliederung in einzelne Verarbeitungszyklen
wird vielfach bis in die einzelnen Programme fortgesetzt, indem man auch innerhalb solcher Programme einzelne Module vorsieht, die von einem eigenen Steuerprogramm ver-
waltet werden.

Da die Aufgabenstellungen bei Prozeßrechnern sich häufig gleichen, bieten die Rechner-
hersteller Anwenderprogrammpakete an, aus denen ein spezielles Anwenderprogramm
durch aneinanderfügen der erforderlichen Programm-Module zusammengestellt werden
kann. Die einzelnen Programmbausteine sind untereinander durch klare Schnittstellen
getrennt, die Anlagenparameter werden in übersichtlichen Versorgungslisten zusammengefaßt. Auf diese Weise können die Softwarekosten, die heute einen wesentlichen Faktor
bei der Beschaffung einer Datenverarbeitungsanlage ausmachen, in Grenzen gehalten
werden. Lediglich dort, wo es sich um spezielle Anwendungen handelt, müssen individuelle Anwenderprogramme erstellt werden, die dann mit den Standardprogrammen
zusammengefügt werden.

5.7 Dienstprogramme

Die Bedienung einer Datenverarbeitungsanlage geschieht in der Regel über einen Bedie-
nungsblattschreiber oder an einem Datensichtgerät. Bei Prozeßrechnern wird darüberhinaus über dieses Gerät das Prozeßoperating durchgeführt, d.h. es werden dem Prozeß
Steuerinformationen über die Bedienungskonsole übermittelt.
Zur effektiven Nutzung der Datenverarbeitungsanlage stehen dem Benutzer eine Reihe
von Dienstprogrammen zur Verfügung, die zur Standardsoftware der Anlage zählen.
Dazu gehören:

— Sprachübersetzer (Assembler und Compiler)
— Testprogramme
— Hilfs- und Bibliotheksprogramme
— Wartungsprogramme

6 Mikroprozessoren und Mikrocomputer

Mikrocomputer haben grundsätzlich die gleiche Arbeitsweise und den gleichen Aufbau
wie Großcomputer. Ihr wesentliches Merkmal ist, daß sie aus nur wenigen hoch integrierten Halbleiterbausteinen zusammengesetzt sind. Man ist heute schon in der Lage, bis zu
100.000 Transistorfunktionen auf einem einzigen Halbleiterchip von 4 X 5 mm Größe
unterzubringen. Wie das Diagramm (Abb. 6.1) zeigt, ist vorerst noch mit einer gleich-
bleibenden weitergehenden Minituarisierung zu rechnen, so daß eines Tages in einer
Schaltung die Schaltfunktionen eines Großrechners (10^6 bis 10^8) vereinigt werden
können.

Damit kostet ein Computer heute nur etwa 1-Tausendstel des Preises, den man vor zehn
Jahren für ihn bezahlen mußte, und er wird jetzt auch für solche Anwendungen inter-
essant, für die er früher aus Kostengründen ausschied. Da der Preis einer integrierten
Schaltung ganz wesentlich von den Entwicklungskosten bestimmt wird, lohnt sich ihr
Einsatz insbesondere dort, wo es um große Stückzahlen geht. In der Prozeßrechentechnik
eignen sie sich also besonders für dezentrale einfache Steuer-, Regel- und Überwachungs-
aufgaben.

Festprogrammierte Mikrocomputer, wie sie beispielsweise in Taschenrechnern eingesetzt
werden, werden in Zukunft in zunehmendem Maße als 1-Chip-Rechner auf den Markt

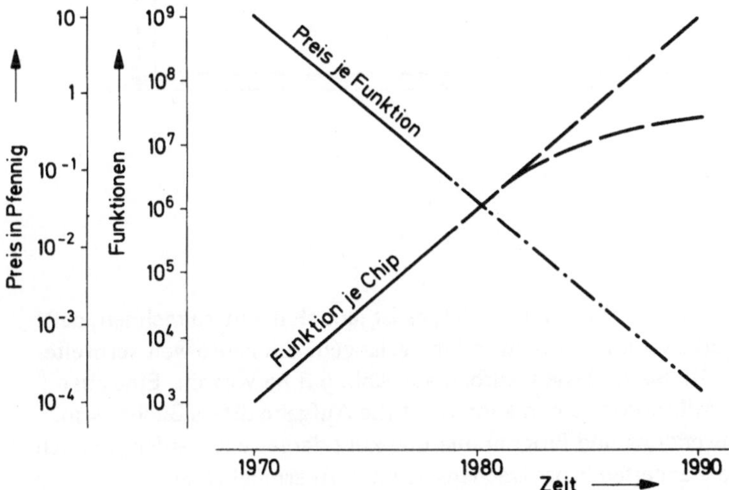

Abb. 6.1 Entwicklung der integrierten Schaltungen

kommen. Freiprogrammierbare Rechner, die mit unterschiedlichen Anwenderprogrammen programmiert werden sollen, werden dagegen besser aus mehreren Einzelbausteinen zusammengesetzt:

1. Zentraleinheit (Mikroprozessor)
2. Festspeicher (ROM) für Dienst- und Anwenderprogramme
3. Schreiblesespeicher (RAM) für Daten- und Anwenderprogramme
4. Bausteine für Ein- und Ausgabe und zur Kopplung von Peripheriegeräten.

Charakteristisch für die Hardware der Mikrocomputer ist ihre Busstruktur. Darunter versteht man Sammelschienen, die die Computereinheiten untereinander verbinden und die zur Übertragung von Daten, Adressen und Steuersignalen benutzt werden. (Abb. 6.2)

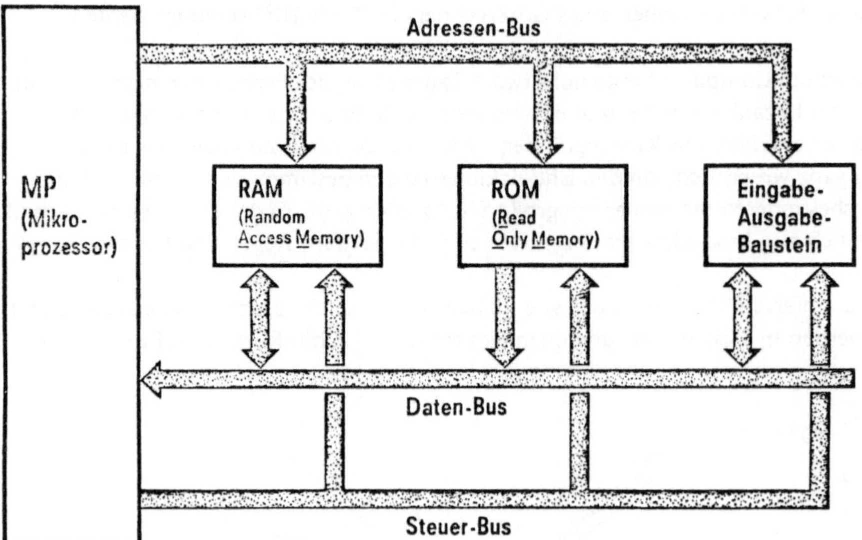

Abb. 6.2 Bus-Struktur des Mikrocomputers

Zur Zeit werden vor allem 8-bit-Rechner verwendet, es ist jedoch damit zu rechnen, daß in Zukunft bevorzugt 16-bit-Systeme zur Anwendung gelangen. Ein heute weit verbreiteter Mikroprozessor ist der MP 8080, dessen Aufbau aus Abb. 6.3 hervorgeht. Eine ausführliche Behandlung von Mikroprozessoren kann nicht die Aufgabe dieses Buches sein. Hier soll lediglich ihre Anwendung und Programmierung kurz dargestellt werden, um den Vergleich mit den zuvor behandelten Prozeßrechensystemen zu ermöglichen.

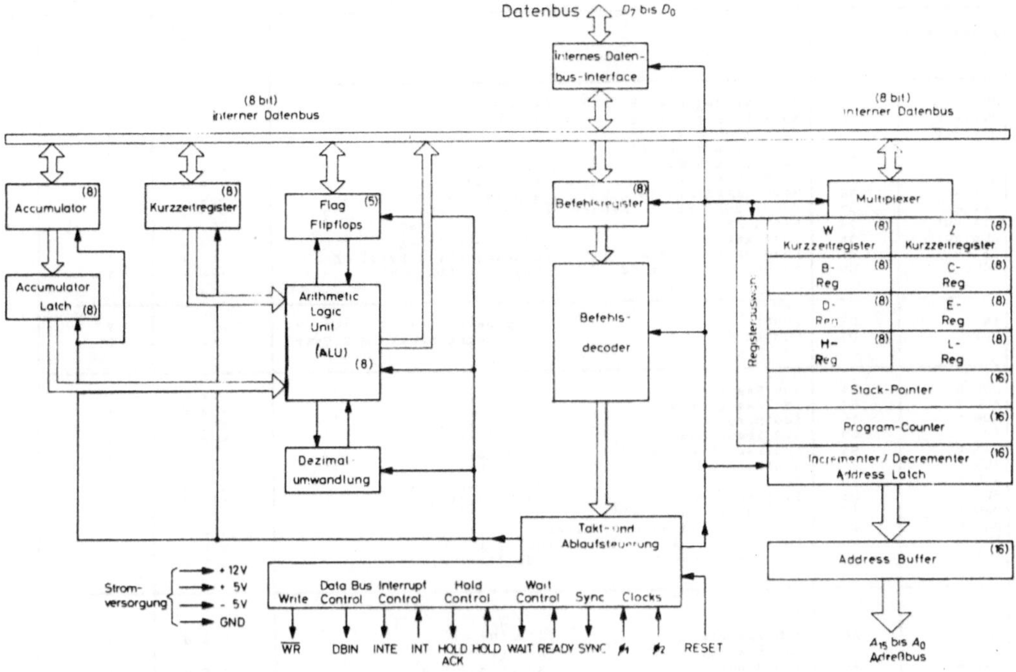

Abb. 6.3 Aufbau des MP 8080

Die Programmierung von Mikrorechnern erfolgt heute noch vorwiegend in Maschinensprache. Mit zunehmender Integrationsdichte ist jedoch auch hier mit einem Übergang
auf höhere Programmiersprachen zu rechnen. Dem Programmierer stehen in der Regel
Programmierhilfen wie Monitore mit hexadezimaler Befehlseingabe oder auch Assembler
zur Verfügung. Abb. 6.4 zeigt einen Auszug aus der Befehlsliste des MP 8080. Wie man
dort erkennt, werden für verschiedene Befehle mehrere Speicherplätze benötigt
(1—3 Byte). Es handelt sich dabei teilweise um Zweiadreßbefehle. Die Datenwörter
haben eine Länge von 1 Byte, es können aber auch 2 Byte zu einem Speicherpaar zusammengefaßt werden. Zur Verarbeitung dieser 16-bit-Datenwörter dienen besondere
Befehle.
Zur Veranschaulichung der Mikrorechnerprogrammierung werden nachfolgend einige
der in diesem Buch behandelten Aufgaben als Programmbeispiele für den Mikroprozessor
MP 8080 wiedergegeben.

Assembler-Befehl	Hexad. Code	Bedeutung		Flags N Z C	Byte
MOV H,A	67	Move to Register H	$(A)\rightarrow H$	- - -	1
MOV L,A	6E	Move to Register L	$(A)\rightarrow L$	- - -	1
MOV A,H	7C	Move from Register H	$(H)\rightarrow A$	- - -	1
MOV A,L	7D	Move from Register L	$(L)\rightarrow A$	- - -	1
MOV A,M	7E	Move from Memory	$((HL))\rightarrow A$	- - -	1
MOV M,A	77	Move to Memory	$(A)\rightarrow (HL)$	- - -	1
MVI A	4E	Move immediate to Akku	$(2.Byte)\rightarrow A$	- - -	2
MVI M	36	Move immediate to Memory	$(2.Byte)\rightarrow (HL)$	- - -	2
STA adr	32	Store Akku	$(A)\rightarrow (3.+2.Byte)$	- - -	3
LDA adr	3A	Load Akku	$((3.+2.Byte))\rightarrow A$	- - -	3
LXI H	21	Load HL immediate	$(2.Byte)\rightarrow L; (3.Byte)\rightarrow H$	- - -	3
XCHG	EB	Exchange HL with DE	$(HL)\rightarrow DE; (DE)\rightarrow HL$	- - -	1
IN	DB	Input	$(Eingabekanal\ im\ 2.Byte)\rightarrow A$	- - -	2
OUT	D3	Output	$(A)\rightarrow Ausgabekanal\ im\ 2.Byte$	- - -	2
ADD H	84	Add Register L	$(A) + (L)\rightarrow A$	x x x	1
ADD L	85	Add Register H	$(A) + (H)\rightarrow A$	x x x	1
ADD M	16	Add Memory	$(A) + ((HL))\rightarrow A$	x x x	1
ADI	C6	Add immediate	$(A) + (2.Byte)\rightarrow A$	x x x	2
SUB H	94	Subtract Register H	$(A) - (H)\rightarrow A$	x x x	1
SUB L	95	Subtract Register L	$(A) - (L)\rightarrow A$	x x x	1
SUB M	96	Subtract Memory	$(A) - ((HL))\rightarrow A$	x x x	1
SUI	D6	Subtract immediate	$(A) - (2.Byte)\rightarrow A$	x x x	2
DAD D	19	Double precision add	$(HL) + (DE)\rightarrow HL$	x x x	1
DAD H	29	Double precision add, Linksshift	(HL)	- - x	1
INX H	23	Increment Register HL	$(HL) + 1\rightarrow HL$	x x -	1
INR M	34	Increment Memory	$((HL)) + 1\rightarrow (HL)$	x x -	1
ANA H	A4	AND Register H	$(A)\wedge (H)\rightarrow A$	x x o	1
ANA L	A5	AND Register L	$(A)\wedge (L)\rightarrow A$	x x o	1
ANA M	A6	AND Memory	$(A)\wedge ((HC))\rightarrow A$	X x o	1
ORA H	B4	OR Register H	$(A)\vee (H)\rightarrow A$	x x x	1
ORA L	B5	OR Register L	$(A)\vee (L)\rightarrow A$	x x x	1
ORA M	B6	OR Memory	$(A)\vee ((HL))\rightarrow A$	x x x	1
ANI	E6	AND immediate	$(A)\wedge (2.Byte)\rightarrow A$	x x o	2
ORI	F6	OR immediate	$(A)\vee (2.Byte)\rightarrow A$	x x o	2
JMP,adr	C3	Jump $\rightarrow (3.+2.Byte)$		- - -	3
JNZ,adr	C2	Jump if not zero		- - -	3
JZ,adr	CA	Jump if zero		- - -	3
JC,adr	DA	Jump if carry		- - -	3
JM,adr	FA	Jump if minus		- - -	3
HLT	76	Halt		- - -	1
NOP	00	No Operation		- - -	1

Abb. 6.4 Auszug aus der Befehlsliste des MP 8080

▶ **Beispiel 1**

Entsprechend dem Beispiel 1 aus Abschnitt 5.5 soll ein an Bit 1 der Digitaleingabe angeschlossener
Schalter einen an Bit 1 der Digitalausgabe angeschlossenen Motor steuern. Das MP 8080-Programm
läßt sich wörtlich aus dem bekannten Assemblerprogramm des Modellrechners ableiten.
Die Befehle und Adressen werden in hexadezimaler Schreibweise angegeben. Das Anwenderprogramm
soll ab Adresse 0400 beginnen.

Adresse		Befehl		Erklärung
symbol.	hexad.	symbol.	hexad.	
START	0400	IN,∅2	DB	Digitaleingabe in Akku
	0401		∅2	von Eingabekanal 2
	0402	OUT,∅2	D3	Digitalausgabe aus Akku
	0403		∅2	nach Ausgabekanal 2
	0404	JMP,START	C3	Sprung nach Start
	0405		∅∅	
	0406		∅4	

▶ **Beispiel 2**

Lösung der Aufgabe 5.1 für den MP 8080:

```
START  0400   IN,∅2     DB   Eingabe
       0401             ∅2
       0402   OUT,∅2    D3   Ausgabe
       0403             ∅2
       0404   ANI,∅2    E6   UND
       0405             ∅2   Maske 00000010
       0406   JZ,START  CA   Sprung, wenn (A)=∅
       0407             ∅∅
       0408             ∅4
       0409   HLT       76   Stop
```

Für diejenigen, die sich eingehender mit der Programmierung des Mikroprozessors
MP 8080 auseinandersetzen wollen, werden noch zwei weitere Beispiele in Form von
Aufgaben behandelt, für die im Lösungsteil die Lösungen angegeben sind. Im Anhang
dieses Buches ist eine ausführliche Befehlsliste des MP 8080 enthalten. Die genannten
Beispiele lassen sich jedoch schon mit der vereinfachten Befehlsliste allein auch lösen.

● **Aufgabe 6.1**

Schreiben Sie für den MP 8080 ein Programm zum Löschen eines Datenfeldes (s. Aufgabe 2.3). Das Datenfeld soll im Programm durch eine Anfangsadresse (0500) und die
Anzahl der Felder (10) festgelegt werden.

Hinweis: Neben dem Akkumulator stehen Ihnen weitere Register B bis L zur Verfügung.
Diese können mit besonderen Befehlen als 16-bit-Wörter verarbeitet werden, indem man
sie paarweise zusammenfaßt. Das ist beispielsweise dann nötig, wenn Speicheradressen,
die 16-bit lang sind, in ein Register übertragen werden sollen.

● **Aufgabe 6.2**

Übersetzen Sie das Programm der Aufgabe 5.4 für die Steuerung einer Werkzeugmaschine
in die Sprache des MP 8080.

Anhang

Tafel I PROSA-Befehlsliste des Rechners SIEMENS 305

Befehlsart	Name	Bedeutung
Transferbefehle	TEP	Transfer Ein Plus
	TEM	Transfer Ein Minus
	TEL	Transfer Ein und Lösche
	TAS	Transfer Aus
(Gleitpunkt)	TEX	Transfer Ein Exponent
	TAX	Transfer Aus Exponent
Adressenarithmetische	LAP	Lade Akkumulator mit Adresse Plus
Befehle	ADA	Addiere Adresse
	SBA	Subtrahiere Adresse
	TEA	Transfer Ein und Erhöhe Adresse
	EHA	Erhöhe Adresse und Transfer Aus
	ENA	Erniedrige Adresse und Transfer Aus
	ADT	Addiere und Transfer Aus
Arithmetische	ADD	Addition
Befehle	SUB	Subtraktion
(Festpunkt)	KPL	Komplementiere
	MLT	Multiplikation
	DIV	Division
(Gleitpunkt)	GAN	Gleitpunkt-Addition, Normalisiert
	GSN	Gleitpunkt-Subtraktion, Normalisiert
	GMN	Gleitpunkt-Multiplikation, Normalisiert
	GDN	Gleitpunkt-Division, Normalisiert
Verschiebebefehle	VAR	Verschiebe Arithmetisch Rechts
	VAL	Verschiebe Arithmetisch Links
	VLR	Verschiebe Logisch Rechts
	VLL	Verschiebe Logisch Links
	VDR	Verschiebe Doppelt Rechts
	VDL	Verschiebe Doppelt Links
	VSE	Verschiebe und Suche erste Eins
Sprungbefehle	SPR	Springe
	UNT	Unterprogrammsprung
	SGN	Springe falls Akkumulator Gleich Null
	SUN	Springe falls Akkumulator Ungleich Null
	SAP	Springe falls Akkumulator Plus
	SAM	Springe falls Akkumulator Minus
	SUL	Springe falls Überlauf
	SKU	Springe falls Kein Überlauf
Logische und	UND	Und
organisatorische	ODR	Oder
Befehle	ODL	Oder und Lösche
	UGL	Ungleich
	NOP	Nulloperation
	NNN	Nicht interpretierbarer Befehl
Befehle für	STP	Stop
Organisation und	EAW	Element Auswählen
Wartung	EVS	Element Versorgen
	EPR	Element Prüfen

Tafel II   Befehlsliste des Mikroprozessors MP 8080

Assembler Befehl	Maschinencode	Hex.-Code	Bedeutung	Erklärung	N	Z	H	P	C	Bytes
MOV r1, r2	0 1 d d d s s s		Move register to register	(s s s) →d d d			keine Beeinflussung der Flags			1
MOV r, M	0 1 d d d 1 1 0		Move from memory	(@HL) →d d d						1
MOV M, r	0 1 1 1 0 s s s		Move to memory	(s s s) → @HL						1
MVI r	0 0 d d d 1 1 0		Move immediate to register	(2.Byte)→d d d						2
MVI M	0 0 1 1 0 1 1 0	3 6	Move immediate to memory	(2.Byte)→ @HL						2
STA adr	0 0 1 1 0 0 1 0	3 2	Store accumulator	(A) →(3. u. 2. Byte)						3
LDA adr	0 0 1 1 1 0 1 0	3 A	Load accumulator	((3. u. 2. Byte))→A						3
STAX B	0 0 0 0 0 0 1 0	0 2	Store accumulator indexed	(A) → @BC						1
STAX D	0 0 0 1 0 0 1 0	1 2	indexed	(A) → @DE						1
LDAX B	0 0 0 0 1 0 1 0	0 A	Load accumulator indexed	(@BC) →A						1
LDAX D	0 0 0 1 1 0 1 0	1 A	indexed	(@DE) →A						1
LXI B	0 0 0 0 0 0 0 1	0 1	Load register pair immediate	(2.Byte)→C; (3. Byte)→B						3
LXI D	0 0 0 1 0 0 0 1	1 1		(2.Byte)→E; (3. Byte)→D						3
LXI H	0 0 1 0 0 0 0 1	2 1		(2.Byte)→L; (3. Byte) →H						3
SHLD	0 0 1 0 0 0 1 0	2 2	Store H and L direct	(L) →(3. u. 2. Byte); (H) →(3. u. 2. Byte + 1)						3
LHLD	0 0 1 0 1 0 1 0	2 A	Load H and L direct	((3. u. 2. Byte))→L; ((3. u. 2. Byte + 1)) →H						3
XCHG	1 1 1 0 1 0 1 1	E B	Exchange HL with DE	(HL)→DE; (DE) →HL						1
IN	1 1 0 1 1 0 1 1	D B	Input	(Eingabekanal im 2. Byte)→A						2
OUT	1 1 0 1 0 0 1 1	D 3	Output	A→Ausgabekanal im 2. Byte						2
ADD r	1 0 0 0 0 s s s		Add register	(A) + (s s s) →A			alle Flags werden entsprechend den Ergebnissen gesetzt			1
ADD M	1 0 0 0 0 1 1 0	1 6	Add memory	(A) + (@HL) →A						1
ADI	1 1 0 0 0 1 1 0	C 6	Add immediate	(A) + (2. Byte) →A						2
ADC r	1 0 0 0 1 s s s		Add register with carry	(A) + (s s s) + (C) →A						1
ADC M	1 0 0 0 1 1 1 0	8 E	Add memory with carry	(A) + (@HL) + (C) →A						1
ACI	1 1 0 0 1 1 1 0	C E	Add immediate with carry	(A) + (2. Byte) + (C)→A						2
SUB r	1 0 0 1 0 s s s		Subtract register	(A) – (s s s) →A						1
SUB M	1 0 0 1 0 1 1 0	9 6	Subtract memory	(A) – (@HL) →A						1
SUI	1 1 0 1 0 1 1 0	D 6	Subtract immediate	(A) – (2. Byte) →A						2
SBB r	1 0 0 1 1 s s s		Sub. reg. with borrow	(A) – (s s s) – (C) →A						1
SBB M	1 0 0 1 1 1 1 0	9 E	Sub. mem. with borrow	(A) – (@HL) – (C) →A						1
SBI	1 1 0 1 1 1 1 0	D E	Sub. imm. with borrow	(A) – (2. Byte) – (C)→A						2
CMP r	1 0 1 1 1 s s s		Compare register	(A) – (s s s) setzt Flags						1
CMP M	1 0 1 1 1 1 1 0	B E	Compare memory	(A) – (@HL) setzt Flags						1
CPI	1 1 1 1 1 1 1 0	F E	Compare immediate	(A) – (2. Byte) setzt Flags						2
DAD B	0 0 0 0 1 0 0 1	0 9	Double precision add	(HL) + (BC) →HL	–	–	–	–	x	1
DAD D	0 0 0 1 1 0 0 1	1 9		(HL) + (DE) →HL	–	–	–	–	x	1
DAD H	0 0 1 0 1 0 0 1	2 9		(HL) + (HL) →HL	–	–	–	–	x	1
DAD SP	0 0 1 1 1 0 0 1	3 9		(HL) + (SP) →HL	–	–	–	–	x	1
DAA	0 0 1 0 0 1 1 1	2 7	Decimal adjust Accu		x	x	x	x	x	1
ANA r	1 0 1 0 0 s s s		AND accumulator	(A) ∧ (s s s) →A	x	x	x	x	0	1
ORA r	1 0 1 1 0 s s s		OR accumulator	(A) ∨ (s s s) →A	x	x	0	x	0	1
XRA r	1 0 1 0 1 s s s		EXCLUSIVE-OR accu	(A) ⊻ (s s s) →A	x	x	0	x	0	1
ANA M	1 0 1 0 0 1 1 0	A 6	AND memory to accu	(A) ∧ (@HL) →A	x	x	x	x	0	1
ORA M	1 0 1 1 0 1 1 0	B 6	OR memory to accu	(A) ∨ (@HL) →A	x	x	0	x	0	1
XRA M	1 0 1 0 1 1 1 0	A E	EXCL.-OR memory to accu	(A) ⊻ (@HL) →A	x	x	0	x	0	1
ANI	1 1 1 0 0 1 1 0	E 6	AND immediate	(A) ∧ (2. Byte)→A	x	x	0	x	0	2
ORI	1 1 1 1 0 1 1 0	F 6	OR immediate	(A) ∨ (2. Byte)→A	x	x	0	x	0	2
XRI	1 1 1 0 1 1 1 0	E E	EXCL.-OR immediate	(A) ⊻ (2. Byte)→A	x	x	0	x	0	2
RLC	0 0 0 0 0 1 1 1	0 7	Rotate left	(bit 7)→bit 0 und C	–	–	–	–	x	1
RRC	0 0 0 0 1 1 1 1	0 F	Rotate right	(bit 0)→bit 7 und C	–	–	–	–	x	1
RAL	0 0 0 1 0 1 1 1	1 7	Rotate left through C	(bit 7)→C; (C)→bit 0	–	–	–	–	x	1
RAR	0 0 0 1 1 1 1 1	1 F	Rotate right through C	(bit 0)→C; (C)→bit 7	–	–	–	–	x	1
DAD H	0 0 1 0 1 0 0 1	2 9	Double precision add	≙ linksschieben des Registerpaares H, L	–	–	–	–	x	1
INR r	0 0 d d d 1 0 0		Increment register	(d d d) + 1→d d d	x	x	x	x	–	1
DCR r	0 0 d d d 1 0 1		Decrement register	(d d d) – 1→d d d	x	x	x	x	–	1
INR M	0 0 1 1 0 1 0 0	3 4	Increment memory	(@HL) + 1→@HL	x	x	x	x	–	1
DCR M	0 0 1 1 0 1 0 1	3 5	Decrement memory	(@HL) – 1→@HL	x	x	x	x	–	1
INX B	0 0 0 0 0 0 1 1	0 3	Increment Register pair	(BC) + 1→BC	–	–	–	–	–	1
INX D	0 0 0 1 0 0 1 1	1 3		(DE) + 1→DE	–	–	–	–	–	1
INX H	0 0 1 0 0 0 1 1	2 3		(HL) + 1→HL	–	–	–	–	–	1
DCX B	0 0 0 0 1 0 1 1	0 B	Decrement Register pair	(BC) – 1→BC	–	–	–	–	–	1
DCX D	0 0 0 1 1 0 1 1	1 B		(DE) – 1→DE	–	–	–	–	–	1
DCX H	0 0 1 0 1 0 1 1	2 B		(HL) – 1 HL	–	–	–	–	–	1
INX SP	0 0 1 1 0 0 1 1	3 3	Incr. Stack-Pointer	(SP) + 1→SP	–	–	–	–	–	1
DCX SP	0 0 1 1 1 0 1 1	3 B	Decr. Stack-Pointer	(SP) – 1→SP	–	–	–	–	–	1

Assembler Befehl	Maschinencode	Hex.-Code	Bedeutung	Erklärung	N	Z	H	P	C	Bytes
JMP	1 1 0 0 0 0 1 1	C 3	Jump unconditionally	(3. und 2. Byte)→PC						3
JNZ	1 1 0 0 0 0 1 0	C 2	Jump if not zero	Adresse im		Z = 0				3
JZ	1 1 0 0 1 0 1 0	C A	Jump if zero	3. u. 2. Byte		Z = 1				3
JNC	1 1 0 1 0 0 1 0	D 2	Jump if carry not set	wird in den				C = 0		3
JC	1 1 0 1 1 0 1 0	D A	Jump if carry set	Programm-				C = 1		3
JPO	1 1 1 0 0 0 1 0	E 2	Jump if parity odd	zähler ge-				P = 0		3
JPE	1 1 1 0 1 0 1 0	E A	Jump if parity even	bracht, wenn:				P = 1		3
JP	1 1 1 1 0 0 1 0	F 2	Jump if plus		N = 0					3
JM	1 1 1 1 1 0 1 0	F A	Jump if minus		N = 1					3
PCHL	1 1 1 0 1 0 0 1	E 9	Programm-Counter from HL	(HL)→PC						1
CALL	1 1 0 0 1 1 0 1	C D	Call unconditionally	(3. und 2. Byte)→PC						3
CNZ	1 1 0 0 0 1 0 0	C 4	Call if not zero			Z = 0				3
CZ	1 1 0 0 1 1 0 0	C C	Call if zero	(3. u. 2. Byte)		Z = 1				3
CNC	1 1 0 1 0 1 0 0	D 4	Call if carry not set	in PC				C = 0		3
CC	1 1 0 1 1 1 0 0	D C	Call if carry set	Rücksprung-				C = 1		3
CPO	1 1 1 0 0 1 0 0	E 4	Call if parity odd	adresse auf				P = 0		3
CPE	1 1 1 0 1 1 0 0	E C	Call if parity even	den Stack,				P = 1		3
CP	1 1 1 1 0 1 0 0	F 4	Call if plus	wenn:	N = 0					3
CM	1 1 1 1 1 1 0 0	F C	Call if minus		N = 1					3
RET	1 1 0 0 1 0 0 1	C 9	Return unconditionally	Rückspr.adr. vom Stack→PC						1
RNZ	1 1 0 0 0 0 0 0	C 0	Return if not zero			Z = 0				1
RZ	1 1 0 0 1 0 0 0	C 8	Return if zero	Rücksprung-		Z = 1				1
RNC	1 1 0 1 0 0 0 0	D 0	Return if carry not set	adresse vom				C = 0		1
RC	1 1 0 1 1 0 0 0	D 8	Return if carry set	Stack in den				C = 1		1
RPO	1 1 1 0 0 0 0 0	E 0	Return if parity odd	Programm-				P = 0		1
RPE	1 1 1 0 1 0 0 0	E 8	Return if parity even	zähler, wenn:				P = 1		1
RP	1 1 1 1 0 0 0 0	F 0	Return if plus		N = 0					1
RM	1 1 1 1 1 0 0 0	F 8	Return if minus		N = 1					1
EI	1 1 1 1 1 0 1 1	F B	Enable interrupt	nach EI Interrupt möglich						1
DI	1 1 1 1 0 0 1 1	F 3	Disable interrupt	nach DI Interrupt nicht möglich						1
RST	1 1 a a a 1 1 1		Restart	(PC)→stack; a a a x 8→PC						1
PUSH B	1 1 0 0 0 1 0 1	C 5	Push reg. pair BC	(BC) →Stack	–	–	–	–	–	1
PUSH D	1 1 0 1 0 1 0 1	D 5	Push reg. pair DE	(DE) →Stack	–	–	–	–	–	1
PUSH H	1 1 1 0 0 1 0 1	E 5	Push reg. pair HL	(HL) →Stack	–	–	–	–	–	1
PUSH PSW	1 1 1 1 0 1 0 1	F 5	Push progr. status word	(Accu, Flags)→Stack	–	–	–	–	–	1
POP B	1 1 0 0 0 0 0 1	C 1	Pop reg. pair BC	(Stack) →BC	–	–	–	–	–	1
POP D	1 1 0 1 0 0 0 1	D 1	Pop reg. pair DE	(Stack) →DE	–	–	–	–	–	1
POP H	1 1 1 0 0 0 0 1	E 1	Pop reg. pair HL	(Stack →HL	–	–	–	–	–	1
POP PSW	1 1 1 1 0 0 0 1	F 1	Pop progr. status word	(Stack) →Accu, Flags	x	x	x	x	x	1
LXI SP	0 0 1 1 0 0 0 1	3 1	Load immediate Stack-Pointer	(3. u. 2. Byte)→SP	–	–	–	–	–	3
SPHL	1 1 1 1 1 0 0 1	F 9	Stack-Pointer from HL	(HL) →SP	–	–	–	–	–	1
INX SP	0 0 1 1 0 0 1 1	3 3	Incr. Stack-Pointer	(SP) + 1 →SP	–	–	–	–	–	1
DCX SP	0 0 1 1 1 0 1 1	3 B	Decr. Stack-Pointer	(SP) − 1 →SP	–	–	–	–	–	1
DAD SP	0 0 1 1 1 0 0 1	3 9	Double prec. add SP	(HL) + (SP) →HL	–	–	–	–	x	1
XTHL	1 1 1 0 0 0 1 1	E 3	Exchange HL with top of stack	(HL) mit ((SP)) vertauschen	–	–	–	–	–	1
HLT	0 1 1 1 0 1 1 0	7 6	Halt							1
NOP	0 0 0 0 0 0 0 0	0 0	No operation	keine Operation						1
CMA	0 0 1 0 1 1 1 1	2 F	Complement accu	(A)→Ā						1
STC	0 0 1 1 0 1 1 1	3 7	Set carry	1→C-Flag					1	1
CMC	0 0 1 1 1 1 1 1	3 F	Complement carry	(C-Flag)→C̄-Flag					x	1

Registercode für sss/ddd		Flags	
111	Akkumulator	N	Negativ
000	Register B	Z	Zero
001	Register C	H	Half Carry
010	Register D	P	Parity
011	Register E	C	Carry
100	Register H		
101	Register L		
110	Memory		

Hinweis: Für die Befehle JMP…RM sowie EI, DI, RST gilt: keine Beeinflussung der Flags.

Lösungen der Übungsaufgaben

Lösung zu 1.1

311

Lösung zu 1.2

2620

Lösung zu 1.3

a) 1011011
b) 5B

Lösung zu 1.4

100100010110

Lösung zu 1.5

$$
\begin{array}{lrcl}
 & 3 & = & 0011 \\
\text{Invertierung} & & = & 1100 \\
\text{Addition} \quad +1 & & = & \underline{0001} \\
\text{Komplement } (-3) & & = & 1101 \\
\text{Addition} \quad\quad +8 & & = & \underline{1000} \\
 & & & (1)0101 \quad = \quad 5
\end{array}
$$

Lösung zu 2.1

Der Größenvergleich wird durch eine Subtraktion A−B durchgeführt. Anschließend erfolgt eine bedingte Programmverzweigung, falls die Differenz negativ ist.

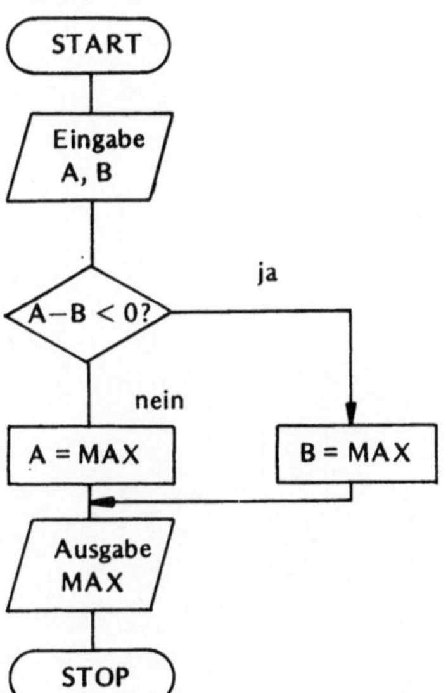

Programm

```
 0    EIN   0     Eingabe A
 1    EIN   1     Eingabe B
 2    LAD   1
 3    KPL
 4    ADD   0     A – B
 5    SAM   8
 6    LAD   0     A → Akku
 7    SPR   9
 8    LAD   1     B → Akku
 9    SPE   2     (Akku)=MAX
10    AUS   2
11    STP
```

Speicherbelegung

Speicher	Inhalt
0	Wert A
1	Wert B
2	Maximum

Lösung zu 2.2

Programm

```
0  EIN  0  Eingabe A
1  EIN  1  Eingabe B
2  LAD  0
3  ADD  1
4  VLR
5  SPE  2
6  AUS  2  Ausgabe M
7  STP
```

Speicherbelegung

Speicher	Inhalt
0	Wert A
1	Wert B
2	Mittelwert M

Lösung zu 2.3

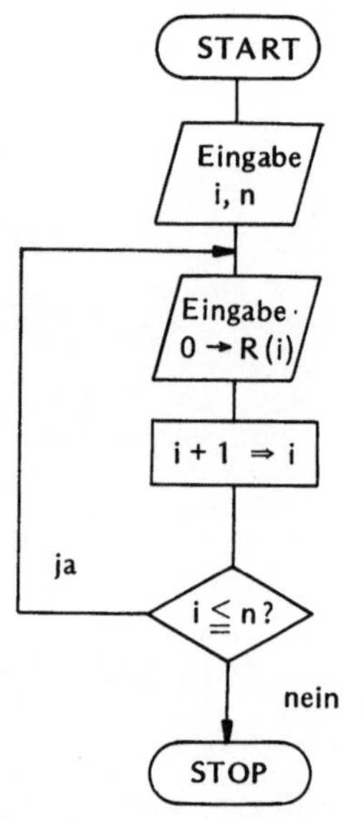

i = Anfangsadresse
n = Endadresse

Der Größenvergleich (i $\leq$ n?) muß wieder mittels einer vorherigen Subtraktion umgewandelt werden in die Abfrage (n $-$ i) $\geq$ 0?
Die in jedem Zyklus durchzuführende Adreßrechnung i + 1 benötigt die Konstante „1", welche zunächst durch eine Eingabe in einen Speicher gebracht werden muß.

Programm					*Speicherbelegung*

<table>
<tr><td>0</td><td>EIN</td><td>5</td><td>Eingabe „1"</td></tr>
<tr><td>1</td><td>EIN</td><td>6</td><td>Eingabe i</td></tr>
<tr><td>2</td><td>EIN</td><td>7</td><td>Eingabe n</td></tr>
<tr><td>3</td><td>EIN</td><td>(6)</td><td>Eingabe „0"</td></tr>
<tr><td>4</td><td>LAD</td><td>5</td><td></td></tr>
<tr><td>5</td><td>ADD</td><td>6</td><td></td></tr>
<tr><td>6</td><td>SPE</td><td>6</td><td>i + 1 $\Rightarrow$ i</td></tr>
<tr><td>7</td><td>KPL</td><td></td><td>($-$ i) $\rightarrow$ Akku</td></tr>
<tr><td>8</td><td>ADD</td><td>7</td><td>(n $-$ i) $\rightarrow$ Akku</td></tr>
<tr><td>9</td><td>SAM</td><td>11</td><td></td></tr>
<tr><td>10</td><td>SPR</td><td>3</td><td></td></tr>
<tr><td>11</td><td>STP</td><td></td><td></td></tr>
</table>

Speicher	Inhalt
0–4	frei
5	Konstante 1
6	i
7	n

Lösung zu 4.1

a) richtig,   REAL
b) falsch   (mehr als 6 Zeichen)
c) richtig,   REAL
d) richtig,   INTEGER
e) falsch   (mehr als 6 Zeichen)
f) falsch   (enthält unzulässiges Sonderzeichen)
g) falsch   (beginnt nicht mit einem Buchstaben)

Lösung zu 4.2

a) falsch,   X = Y + 2 $-$ (5$*$Y + 3)
b) richtig
c) richtig
d) richtig
e) falsch,   FLAECH = PI $*$ RADIUS$**$2
f) falsch,   C = A $-$ B
g) richtig

Lösung zu 4.3

a) OMEGA = 2$*$3.14$*$F
b) Y = (7.5$*$X$**$2$-$3$*$X$+\emptyset$.6)/(X$**$3$-\emptyset.\emptyset$7$*$X$**$2+2)$*$(X$-$1)
   Die Reihenfolge der Rechenoperationen entspricht, wenn sie nicht durch Klammern vorgegeben wird, der in der Arithmetik:

      Potenzieren
vor   Multiplizieren und Dividieren
vor   Addieren und Subtrahieren

Lösung zu 4.4

Lösung zu 4.5

1 FORMAT(I1,4X,I5,1ØX,3F1Ø.4,26X,I4)

Lösung zu 4.6

READ(LKE,1) KA,MESSNR,DRUCK,TEMP,DREHZ,MASCH

Lösung zu 4.7

```
SIEMENS - FORTRAN IV/305                                              BLATT:   1
**********************              FORTRAN-QUELLDATEI: /QDA      MODUL:  MAIN


     1 *                                                                       *
     2 *                                                                       *
     3 *                                                                       *
     4 *      C       PUMPENBERECHNUNG                                         *
     5 *      C                                                                *
     6 *              INTEGER SDA                                             *
     7 *              LKE=10                                                  *
     8 *              SDA=7                                                   *
     9 *              READ(LKE,1) Q,HS,HD,V,TS,ETA                           *
    10 *        0001  FORMAT(F5.2,4X,3(F4.2,6X),F5.1,5X,F4.2)               *
    11 *              P=Q*(HS+HD+V)/(TS*ETA*102.)                           *
    12 *              WRITE(SDA,2) P                                         *
    13 *        0002  FORMAT(1H ,5X,16HPUMPENLEISTUNG =,F7.2,3H KW)        *
    14 *              STOP                                                   *
    15 *              END                                                   *
    16 *      $$$$                                                          *


         ****    MODUL:  MAIN    PE      131   ****


****  PROGRAMM: MAIN    PE  3570    DATEI: VOS2   ****
```

Lösung zu 4.8

```
     1 *                                                                       *
     2 *                                                                       *
     3 *                                                                       *
     4 *      C       MESSWERTVERGLEICH                                        *
     5 *              INTEGER SDA                                             *
     6 *              REAL IST                                                *
     7 *              SDA=7                                                   *
     8 *              IF(IST-SOLL) 1,2,3                                     *
     9 *        0001  WRITE(SDA,4)                                          *
    10 *              STOP                                                   *
    11 *        0002  WRITE(SDA,5)                                          *
    12 *              STOP                                                   *
    13 *        0003  WRITE(SDA,6)                                          *
    14 *              STOP                                                   *
    15 *        0004  FORMAT(1H ,19HMESSWERT ZU NIEDRIG)                   *
    16 *        0005  FORMAT(1H ,15HMESSWERT NORMAL)                       *
    17 *        0006  FORMAT(1H ,16HMESSWERT ZU HOCH)                      *
    18 *              END                                                   *
    19 *      $$$$                                                          *


         ****    MODUL:  MAIN    PE       91   ****


****  PROGRAMM: MAIN    PE  3248    DATEI: VOS2   ****
```

Lösung zu 4.9

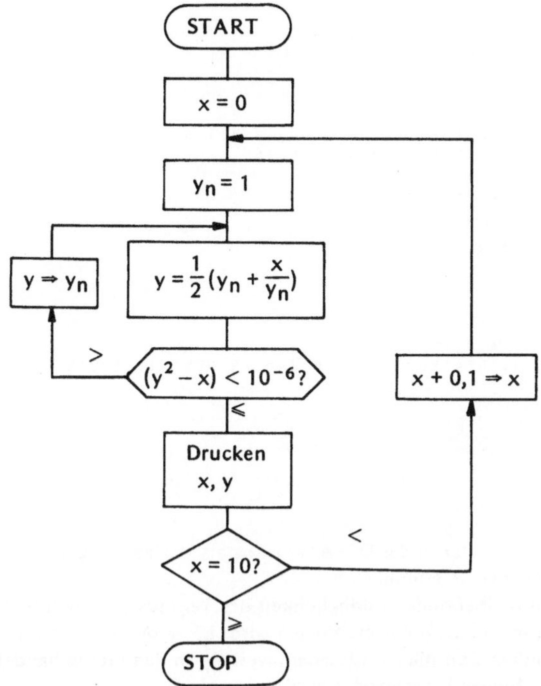

Im folgenden Programm wird für die Angabe der Konstanten 10^{-6} in der IF-Abfrage statt $\emptyset.\emptyset\emptyset\emptyset\emptyset\emptyset1$ eine Schreibweise benutzt, die der des E-Ausgabeformats (siehe Abschnitt 4.15) entspricht: $1E-\emptyset6$.

Für die Datenausgabe ist die Verwendung des E-Formats immer dann anzuraten, wenn der Zahlenbereich sehr unterschiedlich sein kann. Bei Benutzung des F-Formats können entweder bei sehr kleinen Zahlen die Nachkommastellen verlorengehen oder bei sehr großen Zahlen Rundungsfehler auftreten. Im vorliegenden Programm wurde für die Ausgabe das Format F12.4 gewählt. Das zu druckende Resultat liegt zwischen $\emptyset$ und 3,162278. Mit einer Vorkommastelle wird der letzte Wert dann als 3.1623 gedruckt. Normalerweise können fünf Ziffern immer richtig ausgegeben werden, allerdings hängt das von der Auflösung der jeweiligen Maschine ab. Eine Erhöhung der Genauigkeit ist in der Regel durch die Verwendung der doppelten Anzahl von Speicherplätzen, z.B. durch die Typ-Zuweisung REAL*8 möglich.

```
1  *
2  *
3  *
4  *      C       WURZELBERECHNUNG FUER X=0...10 MIT DELTA X = 0,1
5  *      C
6  *              X=0
7  *      0001    YN=1
8  *      0002    Y=0.5*(YN+X/YN)
9  *              IF(Y*Y-X.LT.1E-06) GO TO 3
10 *              YN=Y
11 *              GO TO 2
12 *      0003    WRITE(7,10) X,Y
13 *      0010    FORMAT(1H ,2(5X,F12.4))
14 *              IF (X.GE.10) GO TO 4
15 *              X=X+0,1
16 *              GO TO 1
17 *      0004    STOP
18 *              END
19 *         $$$$

        ****    MODUL:   MAIN      PE     115    ****
```

Lösung zu 4.10

```
 1  *                                                                              *
 2  *                                                                              *
 3  *                                                                              *
 4  *      C   BERECHNUNG DER SUMME ALLER ZAHLEN VON A BIS B                       *
 5  *      C   A UND B WERDEN AUS LOCHKARTEN EINGELESEN                            *
 6  *      C                                                                       *
 7  *            INTEGER A,B,X,Y,LKE,SDA                                           *
 8  *            LKE=10                                                            *
 9  *            SDA=7                                                             *
10  *            READ(LKE,100) A,B                                                 *
11  *       0100 FORMAT(2I3)                                                       *
12  *            Y=0                                                               *
13  *            DO 10 X=A,B                                                       *
14  *       0010 Y=Y+X                                                            *
15  *            WRITE(SDA,101) A,B,Y                                             *
16  *       0101 FORMAT(1H ,10X,'DIE SUMME ALLER ZAHLEN VON',I4,3X,'BIS',I4,3X,'BET*
17  *            1RAEGT',I8)                                                       *
18  *            STOP                                                             *
19  *            END                                                             *
20  *      $$$$                                                                    *
```

Wie man sieht, wurden die Laufparameter in der DO-Anweisung als Variable angegeben. Es ist lediglich
zu beachten, daß sie vom Typ INTEGER sein müssen!
In der Formaterklärung wurde von einer anderen Möglichkeit der Textausgabe Gebrauch gemacht,
bei der der Alphatext in Hochkomma ('...') eingeschlossen wird. Diese bequemer zu handhabende
Methode ist allerdings nicht in jedem Compiler vorgesehen, weshalb in den hier behandelten Übungen
nur die Textausgabe im Formatschlüssel H verwendet wird.

Lösung zu 4.11

```
      DIMENSION MNR(8),WIRKL(8)
      LKE=1∅
        .
        .
        .
      READ(LKE,1) KA,(MNR(I),I=1,8),(WIRKL(I),I=1,8),KZ
    1 FORMAT(I1,9X,8I2,4X,8F5.2,8X,I2)
        .
        .
```

Lösung zu 4.12

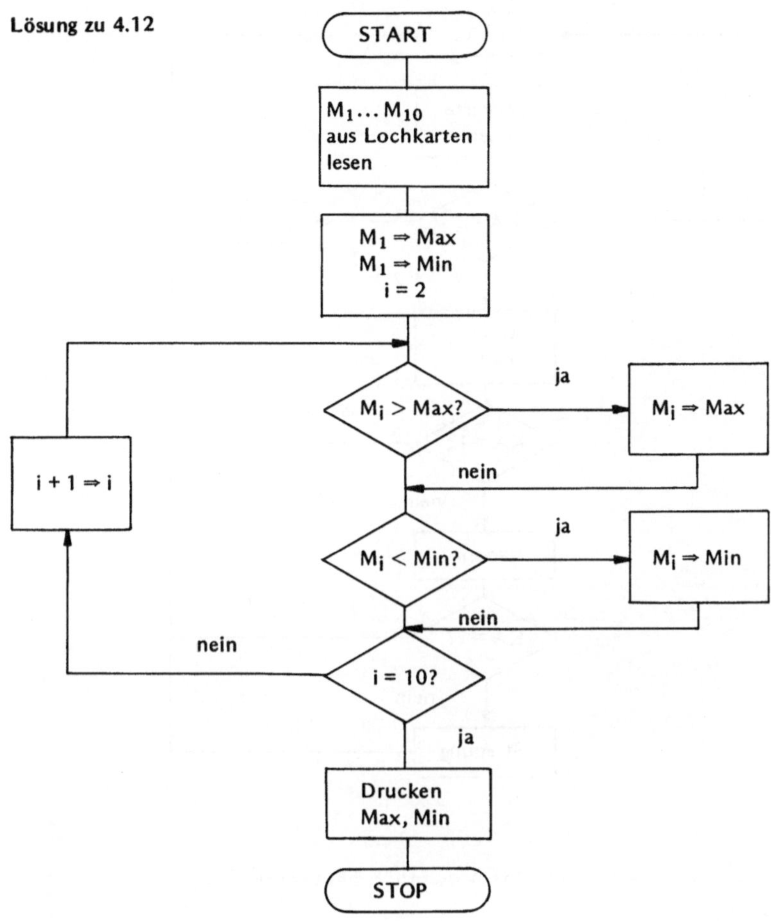


```
 1  *
 2  *
 3  *
 4  *      C        MAX UND MIN EINER MESSREIHE
 5  *      C        10 MESSWERTE SIND AUS EINER LOCHKARTE EINZULESEN
 6  *      C
 7  *               REALM(10),MAX,MIN
 8  *               INTEGER LKE,SDA
 9  *               LKE=10
10  *               SDA=7
11  *               READ(LKE,100)(M(I),I=1,10)
12  *        0100   FORMAT(10X,10F4.1)
13  *               MAX=M(1)
14  *               MIN=M(1)
15  *               DO 20 I=2,10
16  *               IF(M(I).LE.MAX) GO TO 10
17  *               MAX=M(I)
18  *        0010   IF(M(I).GE.MIN) GO TO 20
19  *               MIN=M(I)
20  *        0020   CONTINUE
21  *               WRITE(SDA,101) MAX,MIN
22  *        0101   FORMAT(1H ,'MAXIMUM=',F5.1,3X,'MINIMUM=',F5.1)
23  *               STOP
24  *               END
25  *      $$$$
```

Lösung zu 4.13

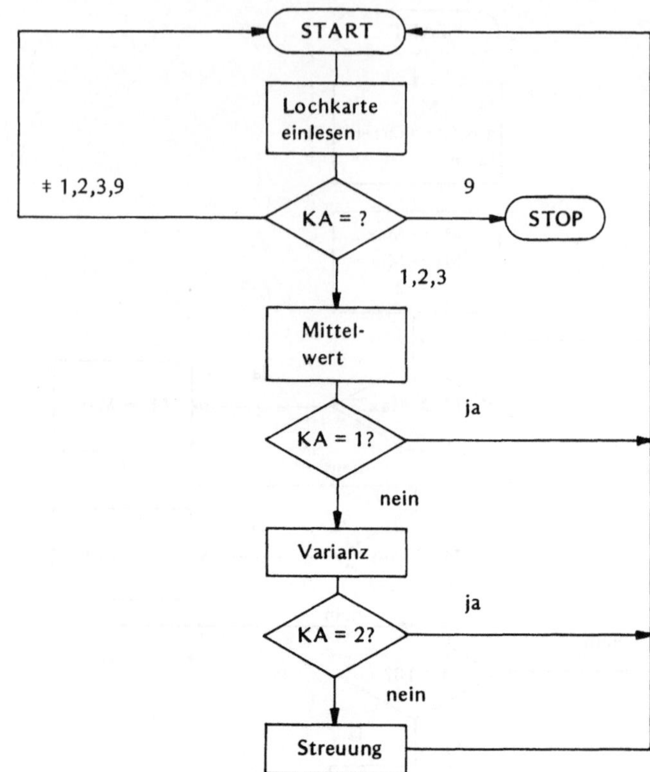


```
 1 *
 2 *
 3 *
 4 *      C        MITTELWERT , VARIANZ UND STREUUNG EINER MESSREIHE
 5 *      C
 6 *               INTEGER SDA
 7 *               REAL MESSW(15),MITTEL
 8 *               LKE=10
 9 *               SDA=7
10 *       0010    READ(LKE,100) KA,(MESSW(I),I=1,15)
11 *       0100    FORMAT(I1,8X,15F4.2)
12 *               IF(KA.EQ.9) GOTO 40
13 *               IF(KA.LT.1) GOTO 10
14 *               IF(KA.GT.3) GOTO 10
15 *               SUMME=0
16 *               DO 20 I=1,15
17 *       0020    SUMME=SUMME+MESSW(I)
18 *               MITTEL=SUMME/15.
19 *               WRITE(SDA,101) MITTEL
20 *       0101    FORMAT(1H ,12HMITTELWERT =,F6.2)
21 *               IF(KA.EQ.1) GOTO 10
22 *               SUMME=0
23 *               DO 30 I=1,15
24 *       0030    SUMME=SUMME+((MESSW(I)-MITTEL)**2)
25 *               VAR=SUMME/15.
26 *               WRITE(SDA,102) VAR
27 *       0102    FORMAT(1H ,9HVARIANZ =,5X,F8.2)
28 *               IF(KA.EQ.2) GOTO 10
29 *               STR=VAR**0.5
30 *               WRITE(SDA,103) STR
31 *       0103    FORMAT(1H ,10HSTREUUNG =,2X,F6.2)
32 *               GOTO 10
33 *       0040    STOP
34 *               END
35 *      $$$$
```

Lösung zu 4.14

Hauptprogramm und Unterprogramm werden als selbständige Programme vom Compiler übersetzt und gemeinsam zu einem lauffähigen Programm gebunden.
Im nachfolgend wiedergegebenen Hauptprogramm UEWA wurden die zu verarbeitenden Meßdaten aus einer Lochkarte eingelesen, um so einen Test des Programms zu ermöglichen.

```
 1  *
 2  *
 3  *      C      MESSTELLEN-UEBERWACHUNG
 4  *      C      UNTERPROGRAMM-TECHNIK
 5  *      C
 6  *      C      HAUPTPROGRAMM
 7  *      C
 8  *             PROGRAM UEWA
 9  *             DIMENSION ANLG1(5),ANLG2(5),ANLG3(5)
10  *             REAL MAX,MIN,MAXI(3),MINI(3)
11  *             INTEGER SDA
12  *             SDA=7
13  *             LKE=10
14  *             READ(LKE,100)ANLG1,ANLG2,ANLG3
15  *         0100 FORMAT(15F4.1)
16  *      C
17  *             WRITE(SDA,101)
18  *         0101 FORMAT(1H1,20X,22HMESSTELLENUEBERWACHUNG,/21X,22(1H-)//,10X,
19  *              19HMESSREIHE,10X,7HMAXIMUM,10X,7HMINIMUM/)
20  *             N=5
21  *             CALL MAMI(ANLG1,MAX,MIN,N)
22  *             M=1
23  *             WRITE(SDA,102)M,MAX,MIN
24  *         0102 FORMAT(1H ,10X,6HANLAGE,I1,2(10X,F7.1))
25  *             MAXI(1)=MAX
26  *             MINI(1)=MIN
27  *             M=M+1
28  *             CALL MAMI(ANLG2,MAX,MIN,N)
29  *             WRITE(SDA,102)M,MAX,MIN
30  *             MAXI(2)=MAX
31  *             MINI(2)=MIN
32  *             M=M+1
33  *             CALL MAMI(ANLG3,MAX,MIN,N)
34  *             WRITE(SDA,102)M,MAX,MIN
35  *             MAXI(3)=MAX
36  *             MINI(3)=MIN
37  *             N=3
38  *             CALL MAMI(MAXI,MAX,MIN,N)
39  *             WRITE(SDA,103)MAX
40  *         0103 FORMAT(1H0,10X,6HGESAMT,11X,F7.1)
41  *             CALL MAMI(MINI,MAX,MIN,N)
42  *             WRITE(SDA,104)MIN
43  *         0104 FORMAT(1H+,44X,F7.1)
44  *             STOP
45  *             END
46  *      $
```

```
****    MODUL: UEWA    PE    349    ****
```

```
47 *            SUBROUTINE MAMI(M,MAX,MIN,N)
48 *      C
49 *            REAL M(5),MAX,MIN
50 *            MAX=M(1)
51 *            MIN=M(1)
52 *            DO 20 I=2,N
53 *            IF(M(I).LE.MAX) GO TO 10
54 *            MAX=M(I)
55 *        10  IF(M(I).GE.MIN)GO TO 20
56 *            MIN=M(I)
57 *      0020  CONTINUE
58 *            RETURN
59 *            END
60 *      $$$$

        ****    MODUL:   MAMI      PE      134  ****


****   PROGRAMM: UEWA      PE   4950    DATEI: VOS2   ****
```

Der Übersichtlichkeit halber wurde hier darauf verzichtet, das Hauptprogramm noch kompakter zu machen, z. B. dadurch, daß der Datenausdruck in das Unterprogramm verlagert wird, oder daß die Verarbeitungsroutine der einzelnen Meßreihen in einer DO-Schleife abläuft.

Lösung zu 5.1

Das bisherige Programm kann bis zur Digitalausgabe unverändert bleiben. Daß dabei auch an Bit 2 des Ausgabewortes die Stellung des Programmschalters abgebildet wird, stört nicht, weil dort nichts angeschlossen ist.

Ablaufdiagramm

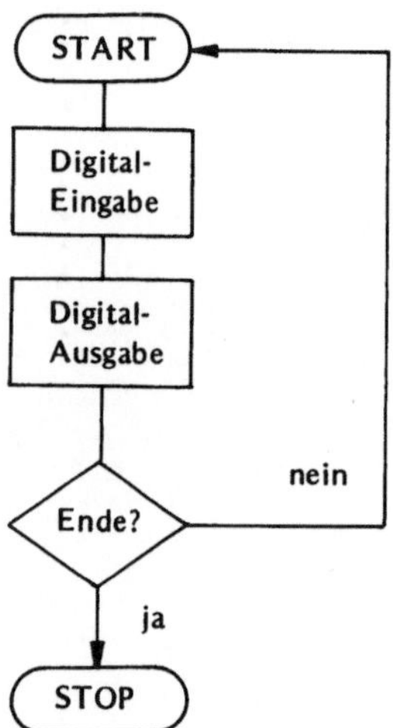

Modellrechner-Programm

5	EIN	1	Digitaleingabe
6	AUS	1	Digitalausgabe
7	LAD	0	Abfrage Bit 2
8	UND		
9	SGN	5	Sprung, wenn Bit 2 = 0
10	STP		Stop

Speicherbelegung

Speicher	Inhalt
0	Maske 0010
1	Ein-/Ausgabereg.

Ausführliche Erläuterungen zur Verarbeitung einzelner Binärstellen folgen im Beispiel 2.

PROSA-Programm

In Übereinstimmung mit der Anordnung bei den Programmen für den Modellrechner wird die Reihenfolge der Binärstellen von rechts nach links gezählt und nicht, wie sonst in der PROSA-Programmierung üblich, von links nach rechts.

```
SIEMENS PROSA:  E300 V1  10 DAT:=05.10.1              BLATT:      2
MAHI: ABI UPBI:UPBI PROSA-DATEI::PRS PN:AUF1 SZ:      PREL:       0


 5                                    PN   AUF1          AUFGABE 1



 6                                    SZ   VOSS
 7       0 00000          START       MA   DGEI=8,PUFFER   DIGITALEI GABE
 8       5 00003                      MA   DGAU=PUFFER,32   DIGITALAUSGABE
 9       6 00004    12                TEP  MASKE
10       7 00007    11                UND  PUFFER          ABFRAGE BIT 2
11       8 00010    0                 SGN  START
12       9 00011                      MA   ENDE
13      11 00013          PUFFER      HZ
14      12 00014          MASKE       HM   00000000000000000000000010
15                                    PE
```

Lösung zu 5.2

Die Lösung ist gleichlautend mit der zu Aufgabe 5.1

Lösung zu 5.3

Eingabe- und Ausgabepuffer sind unterschiedlich. Nach der Digitaleingabe muß zunächst eine Aufbereitung der Daten im Ausgabepuffer erfolgen. Dabei ist es zweckmäßig, diesen zunächst zu löschen, wofür in der Regel besondere Befehle vorgesehen sind (in PROSA z.B. möglich mit dem Befehl TEL). Da der Modellrechner einen solchen Befehl nicht besitzt, wird das Löschen der letzten beiden Binärstellen im Ausgabepuffer durch Links-Shiftbefehle bewirkt. Ein Shiftbefehl verschiebt die Binärkombination eines Speicherwortes um eine Stelle nach links oder rechts. Die Information der äußeren Stelle geht dabei verloren, während am anderen Ende des Speicherwortes eine Null in den Speicher gezogen wird.

Beispiel:

Speicherinhalt vorher:	1101
Speicherinhalt nach einem Linksshift:	1010

Aus der Aufgabenstellung geht hervor, daß die Stellungsmeldung des Leistungsschalters von Bit 1 der Eingabe in die entsprechende Information auf Bit 1 und 2 der Ausgabe zu verwandeln ist. Die übrigen Daten des Eingabewortes sollen um eine Stelle nach links verschoben in das Ausgabewort übertragen werden. Dies kann durch einen Rechtsshift und zwei anschließende Linksshiftbefehle bewirkt werden, wobei dann zwei Nullen in die Stellen 1 und 2 nachgezogen werden.

Beispiel:

Speicherinhalt vorher:	01011
Rechtsshift:	00101
1. Linksshift:	01010
2. Linksshift:	10100

Ablaufdiagramm

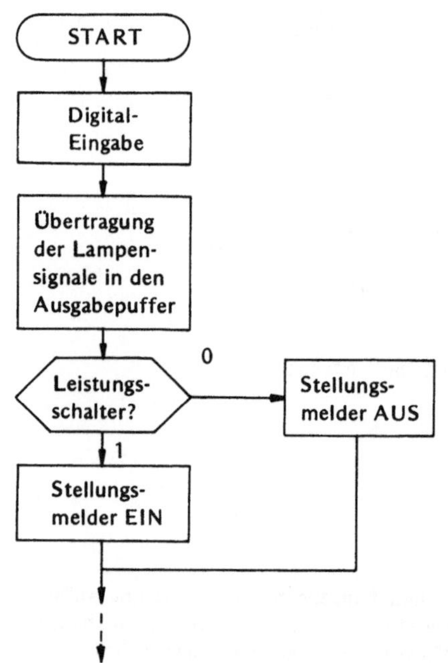

Programm

Speicher	Inhalt
0	Eingabepuffer
1	Ausgabepuffer
2	Maske 0001
3	Maske 0010

5	EIN	0
6	VLR	
7	VLL	
8	VLL	
9	SPE	1
10	LAD	2
11	UND	0
12	SGN	18
13	LAD	2
14	ODR	1
15	SPE	1
16	AUS	1
17	SPR	5
18	LAD	3
19	SPR	14

PROSA-Programm

Während im Modellrechner-Programm auf die Abfrage des Programm-Ende-Schalters verzichtet wurde, ist im folgenden PROSA-Programm auf bit 5 des Eingabewortes ein solcher Schalter vorgesehen.

```
 5                              PN    AUF3              AUFGABE 3

 6                              SZ    VOSS
 7      0  00000      START     MA    DGEI=8,EINPUF
 8      3  00003   26           TEP   EINPUF
 9      4  00004A   1           VLR   1
10      5  00005A   2           VLL   2                BIT 1 UND 2 LOESCHEN
11      6  00006   27           TAS   AUSPUF
12      7  00007   23           TEP   MASKE1           ABFRAGE LEISTUNGSSCHALTER
13      8  00010   26           UND   EINPUF
14      9  00011   21           SGN   AUS
15     10  00012   23           TEP   MASKE1
16     11  00013   27  AUSG     ODR   AUSPUF
17     12  00014   27           TAS   AUSPUF
18     13  00015                MA    DGAU=AUSPUF,32
19     16  00020   25           TEP   MASKE3           ABFRAGE PROGRAMMSTOP
20     17  00021   26           UND   EINPUF
21     18  00022    0           SGN   START
22     19  00023                MA    ENDE             STOP
23     21  00025   24  AUS      TEP   MASKE2
24     22  00026   11           SPR   AUSG
25     23  00027       MASKE1   BM    00000000000000000000000000000001
26     24  00030       MASKE2   BM    00000000000000000000000000000010
27     25  00031       MASKE3   BM    00000000000000000000000000010000
28     26  00032       EINPUF   HZ
29     27  00033       AUSPUF   HZ
30                              PE
```

Lösung zu 5.4

Ablaufdiagramm

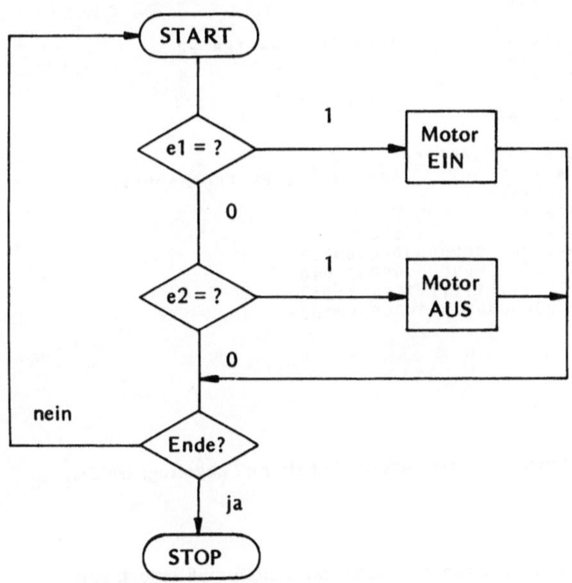

Programm

```
 5   EIN   0
 6   LAD   2      Maske e1
 7   UND   0
 8   SGN  14
 9   LAD   2      Maske EIN
10   ODR   1
11   SPE   1
12   AUS   1      Schaltbefehl
13   SPR   5      Ende
14   LAD   3      Maske e2
15   UND   0
16   SGN  13
17   LAD   4      Maske AUS
18   UND   1
19   SPR  11
```

Speicherbelegung

Speicher	Inhalt
0	Eingabepuffer
1	Ausgabepuffer
2	Maske 0001
3	Maske 0010
4	Maske 1110

PROSA-Programm

```
 5                            PN    AUF4              AUFGABE 4
 6                            SZ    VOSS
 7    0  00000      START     MA    DGEI=0,EINGABE
 8    3  00003   23           TEP   MASKE1            ABFRAGE SCHALTER E1
 9    4  00004   27           UND   EINGABE
10    5  00005    9           SGN   SCHALT2
11    6  00006   23           TEP   MASKE1            MOTOR EIN
12    7  00007   28           ODR   AUSGABE
13    8  00010   14           SPR   SCHALTEN
14    9  00011   24  SCHALT2  TEP   MASKE2            ABFRAGE SCHALTER E2
15   10  00012   27           UND   EINGABE
16   11  00013   18           SGN   ENDE
17   12  00014   25           TEP   MASKE3            MOTOR AUS
18   13  00015   26           UND   AUSGABE
19   14  00016   28  SCHALTEN TAS   AUSGABE
20   15  00017               MA    DGAU=AUSGABE,32
21   18  00022   26  ENDE     TEP   MASKE4            ABFR SCHALTER PROGRAMMSTOP
22   19  00023   27           UND   EINGABE
23   20  00024    0           SGN   START
24   21  00025               MA    ENDE              STOP
25   23  00027      MASKE1    BM    00000000000000000000001
26   24  00030      MASKE2    BM    00000000000000000000010
27   25  00031      MASKE3    BM    11111111111111111111110
28   26  00032      MASKE4    BM    00000000000000000000100
29   27  00033      EINGABE   HZ
30   28  00034      AUSGABE   HZ
31                            PE
```

Lösung zu 5.5

Die Reihenfolge der Schalterabfrage ist zu vertauschen: Erst muß der Schalter e2 abgefragt werden und dann der Schalter e1.

Lösung 5.6:

Auch hier liegt wieder eine Speicherfunktion in der Aufgabenstellung. Zusätzlich muß jedoch eine Unterscheidung zwischen dem Betriebszustand der Steuerung und dem der Anlage getroffen werden, weil der Türkontakt e3 lediglich eine Unterbrechung des Betriebszustandes „AUF" bewirkt, nicht jedoch seine Beendigung.

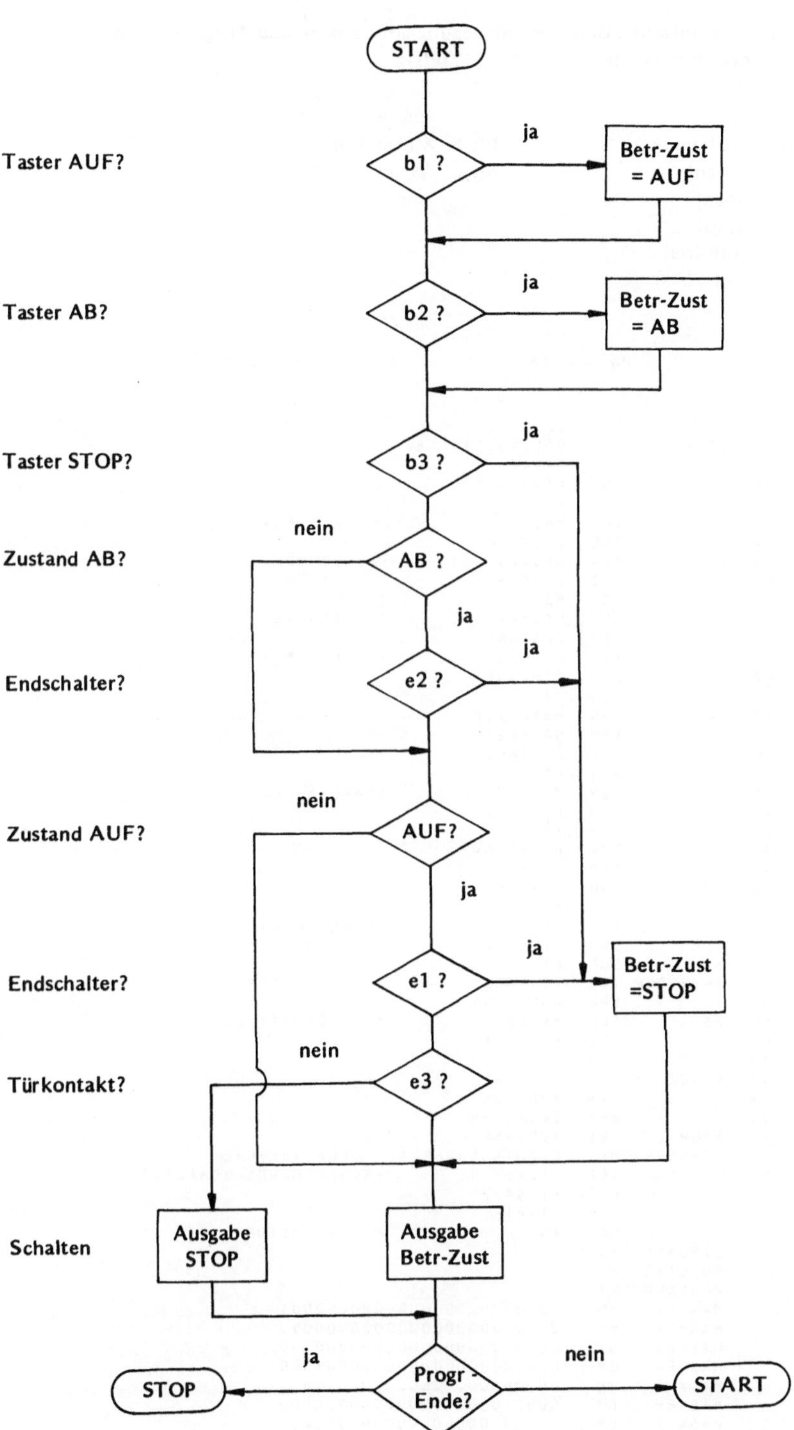

START
Taster AUF?
b1 ?
ja
Betr-Zust = AUF
Taster AB?
b2 ?
ja
Betr-Zust = AB
Taster STOP?
b3 ?
ja
Zustand AB?
AB ?
nein
ja
Endschalter?
e2 ?
ja
Zustand AUF?
AUF?
nein
ja
Endschalter?
e1 ?
ja
Betr-Zust =STOP
Türkontakt?
e3 ?
nein
Schalten
Ausgabe STOP
Ausgabe Betr-Zust
ja
Progr.-Ende?
nein
STOP
START

Für das PROSA-Programm ist folgende Binärstellenbelegung auf der Ein- und Ausgabeseite des
Prozeßelementes vorgesehen (Binärstellen von rechts gezählt):

	Digitaleingabe				*Digitalausgabe*	
bit 1	Endschalter e3	(Türkontakt)		bit 1	Motor Aufwärts	
bit 2	Endschalter e2	(unten)		bit 2	Motor Abwärts	
bit 3	Endschalter e1	(oben)				
bit 4	Taster b3	(Stop)				
bit 5	Taster b2	(Abwärts)				
bit 6	Taster b1	(Aufwärts)				
bit 7	Programmende-Schalter					

```
   4                                   PN    AUF6            AUFGABE 6  LASTENAUFZUG

   5                                   SZ    VOSS
   6     0 00000          START        MA    DGEI=8,EINGABE
   7     3 00003    55                 TEP   MASKE6          TASTER B1
   8     4 00004    47                 UND   EINGABE
   9     5 00005     8                 SGN   B2
  10     6 00006    50                 TEP   MASKE1          ZUSTAND AUF
  11     7 00007    49                 TAS   ZUSTAND
  12     8 00010    54  B2             TEP   MASKE5          TASTER B2
  13     9 00011    47                 UND   EINGABE
  14    10 00012    13                 SGN   .B3
  15    11 00013    51                 TEP   MASKE2          ZUSTAND AB
  16    12 00014    49                 TAS   ZUSTAND
  17    13 00015    53  B3             TEP   MASKE4          TASTER B3
  18    14 00016    47                 UND   EINGABE
  19    15 00017    17                 SGN   .E2
  20    16 00020    30                 SPR   BETRSTOP
  21    17 00021    51  E2             TEP   MASKE2          AB
  22    18 00022    49                 UND   ZUSTAND
  23    19 00023    24                 SGN   .E1
  24    20 00024    51                 TEP   MASKE2          SCHALTER E2
  25    21 00025    47                 UND   EINGABE
  26    22 00026    24                 SGN   .E1
  27    23 00027    30                 SPR   BETRSTOP
  28    24 00030    50  E1             TEP   MASKE1          AUF
  29    25 00031    49                 UND   ZUSTAND
  30    26 00032    35                 SGN   AUSGZUST
  31    27 00033    52                 TEP   MASKE3          SCHALTER E1
  32    28 00034    47                 UND   EINGABE
  33    29 00035    32                 SGN   E3
  34    30 00036    49  BETRSTOP TEL   ZUSTAND          ZUSTAND STOP
  35    31 00037    35                 SPR   AUSGZUST
  36    32 00040    50  E3             TEP   MASKE1          TUERKONTAKT E3
  37    33 00041    47                 UND   EINGABE
  38    34 00042    38                 SGN   STOP
  39    35 00043    49  AUSGZUST TEP   ZUSTAND
  40    36 00044    48                 TAS   AUSGABE
  41    37 00045    39                 SPR   SCHALTEN
  42    38 00046    48  STOP     TEL   AUSGABE
  43    39 00047        SCHALTEN MA    DGAU=AUSGABE,32  SCHALTBEFEHL
  44    42 00052    56                 TEP   MASKE7          PROGRAMMENDE-SCHALTER
  45    43 00053    47                 UND   EINGABE
  46    44 00054     0                 SGN   START
  47    45 00055                       MA    ENDE            PROGRAMMSTOP
  48    47 00057        EINGABE   HZ
  49    48 00060        AUSGABE   HZ
  50    49 00061        ZUSTAND   HZ
  51    50 00062        MASKE1    BM    00000000000000000000001
  52    51 00063        MASKE2    BM    00000000000000000000010
  53    52 00064        MASKE3    BM    00000000000000000000100
  54    53 00065        MASKE4    BM    00000000000000000001000
  55    54 00066        MASKE5    BM    00000000000000000010000
  56    55 00067        MASKE6    BM    00000000000000000100000
  57    56 00070        MASKE7    BM    00000000000000001000000
```

Lösung zu 6.1

Adresse		Befehl			Erklärung
0400	START	LXI D,Ø	11		Ø→DE (Index)
0401			ØØ		
0402			ØØ		
0403		MVI A,1Ø	3E		1Ø→A (Anzahl)
0404			ØA		
0405	LOESCH	LXI H,FELD	21		FELD-Anf.-Adr.→HL
0406			ØØ		
0407			Ø5		
0408		DAD D	19		(HL)+(DE)→HL
0409		MVI M,Ø	36		Ø→FELD (HL)
040A			ØØ		
040B		INX D	13		(DE)+1→DE
040C		CMP E	BB		(A)-(E)=?
040D		JNZ,LOESCH	C2		
040E			Ø5		
040F			Ø4		
0410		HLT	76		Stop

Lösung zu 6.2

Adresse		Befehl		Erklärung
0400	START	IN,Ø2	DB	Digitaleingabe
0401			Ø2	
0402		STA,EING	32	
0403			27	
0404			Ø4	
0405		ANI,Ø1	E6	log.UND
0406			Ø1	Maske 00000001
0407		JZ,SCHALT2	CA	
0408			12	
0409			Ø4	
040A		LDA,AUSG	3A	
040B			28	
040C			Ø4	
040D		ORI,Ø1	F6	log. ODER
040E			Ø1	Maske 00000001
040F		JMP,SCHALTEN	C3	
0410			1F	
0411			Ø4	
0412	SCHALT2	LDA,EING	3A	
0413			27	
0414			Ø4	
0415		ANI,Ø2	E6	log. UND
0416			Ø2	Maske 00000010
0417		JZ,ENDE	CA	
0418			24	
0419			Ø4	
041A		LDA,AUSG	3A	
041B			28	
041C			Ø4	
041D		ANI,FE	E6	log. UND
041E			FE	Maske 11111110
041F	SCHALTEN	STA,AUSG	32	
0420			28	
0421			Ø4	
0422		OUT,Ø2	D3	Digitalausgabe
0423			Ø2	
0424	ENDE	JMP,START	C3	
0425			ØØ	
0426			Ø4	
0427	EING	NOP	ØØ	Eingabepuffer
0428	AUSG	NOP	ØØ	Ausgabepuffer

Sachwortverzeichnis

Literaturverzeichnis

Zur leichteren Orientierung über die schwerpunktmäßigen Stoffinhalte sind die Literaturangaben mit Kennzahlen nach folgendem Schlüssel versehen:

(1) Allgemeine Grundlagen der Datenverarbeitung und Anwendung von Datenverarbeitungsanlagen
(2) Halbleitertechnik/Elektronik/Digitaltechnik
(3) Computer-Hardware
(4) System-Software
(5) Programmierung
(6) FORTRAN

Engelbrecht, Lederer, Schauer, Unfried: Lehrbuch EDV-Einführung in die Grundbegriffe, Vieweg, Braunschweig 1974 (1)

Schumny: Digitale Datenverarbeitung für das technische Studium, Vieweg, Braunschweig 1975 (1, 2, 3)

Haacke: Datenverarbeitung für Ingenieure, B. G. Teubner, Stuttgart 1973 (1, 5)

Rechenberg: Grundzüge digitaler Rechenautomaten, Oldenbourg, München 1968 (1, 2, 3)

Anke, Kaltenecker, Oetker: Prozeßrechner-Wirkungsweise und Einsatz 1971 (1, 3)

Moos: Struktur und Arbeitsweise von Datenverarbeitungsanlagen, Siemens AG, Berlin/München 1971 (1)

Steinbuch: Taschenbuch der Informatik, Springer-Verlag, Berlin/Heidelberg 1974 (1, 2, 3)

Leonhardt: Grundlagen der Digitaltechnik, Carl Hanser Verlag, München 1976 (2)

Borucki: Grundlagen der Digitaltechnik, B. G. Teubner, Stuttgart 1977 (2)

Kunsemüller: Digitale Rechenanlagen, B. G. Teubner, Stuttgart 1971 (1, 3)

Schumny: Mikroprozessoren/Beiträge zum technischen Unterricht, Vieweg, Braunschweig 1978 (3)

Martin: Mikrocomputer in der Prozeßdatenverarbeitung, Carl Hanser Verlag, München 1977 (3)

Blomeyer-Bartenstein: Mikroprozessoren und Mikrocomputer, Siemens AG., Berlin/München 1976 (4)

Koch: Magnetkern- und integrierte MOs-Speicher, Valvo GmbH, Hamburg 1972 (3)

Caspers: Aufbau von Betriebssystemen, Sammlung Göschen, Walter de Gruyter & Co., Berlin 1974 (4)

Schneider: FORTRAN/Einführung für Techniker, Vieweg, Braunschweig 1976 (6)

Wolters: FORTRAN IV, Siemens AG., Berlin/München 1978 (6)

Lamprecht: Einführung in die Programmiersprache FORTRAN IV, Vieweg, Braunschweig 1976 (6)

Schneider, Jurksch: Programmieren von Datenverarbeitungsanlagen, Sammlung Göschen, Walter de Gruyter & Co., Berlin 1970 (5, 6)

Rehbein: FORTRAN IV — leicht gemacht, VDI-Verlag, Düsseldorf 1974 (6)

Klein: Einführung in die Programmiersprache FORTRAN IV, AEG-Telefunken-Handbücher, Elitera-Verlag, Berlin 1977 (6)

Gritsch: Das Programmieren von Computern, Carl Hanser Verlag, München 1972 (6)

Programmiersprachen

Harry Feldmann
Einführung in ALGOL 60
1972. VIII, 112 S. DIN C 5 (uni-text/Skriptum.) Pb.

Einführung in ALGOL 68
1978. IX, 311 S. DIN C 5 (uni-text/Skriptum.) Pb.

Wolf-Dietrich Schwill und Roland Weibezahn
Einführung in die Programmiersprache BASIC
2., erw. Aufl. 1979. IV, 114 S. DIN C 5 (uni-text/Skriptum.) Pb.

Günther Lamprecht
Einführung in die Programmiersprache FORTRAN IV
Eine Anleitung zum Selbststudium. Nachdr. d. 3. ber. Aufl. 1976.
IV, 194 S. DIN C 5 (uni-text/Skriptum.) Pb.

Einführung in die Programmiersprache SIMULA
Anleitung zum Selbststudium. Mit 41 Abb. u. 1 Tafel. 1976.
IV, 231 S. DIN C 5 (uni-text/Skriptum.) Pb.

Wolfgang Schneider
BASIC
Einführung für Techniker. 2., durchges. Aufl. 1979. VI, 134 S.
DIN C 5 (Viewegs Fachbücher der Technik.) Kart.

Taschenrechner-Literatur

Harald Schumny
Taschenrechner Handbuch
Naturwissenschaften / Technik. Mit 16 Abb., 2. durchges. Aufl. 1978. 132 S.
Kart.

Taschenrechner + Mikrocomputer
Jahrbuch 1980
Anwendungsbereiche — Produktübersichten — Programme — Entwicklungs-
tendenzen — Tabellen — Adressen. 1979. Ca. 250 S. mit zahlr. Abb.
18,5 X 24 cm. Kart.

Hans-Heinrich Gloistehn
Programmieren von Taschenrechnern

Band 1: Lehr- und Übungsbuch für den SR-56
Mit 26 Abb. und zahlr. Tab. 2., durchges. Aufl. 1978. IV. 140 S. Kart.
Band 2: Lehr- und Übungsbuch für den T I-57
Mit 25 Abb. und zahlr. Tab. 1978. IV. 112 S. Kart.
Band 3: Lehr- und Übungsbuch für den T I-58 und T I-59
Mit 25 Abb. und zahlr. Tab. 1978. IV. 150 S. Kart.

Anwendung programmierbarer Taschenrechner

Band 1: Angewandte Mathematik — Finanzmathematik — Informatik —
Statistik für UPN-Rechner

von Helmut Alt
1979. VIII, 158 S. DIN C 5 (Anwendung programmierbarer Taschenrechner,
Bd. 1). Kart.

Band 3/I: Mathematische Routinen der Physik, Chemie und Technik für
AOS-Rechner, Teil 1
von Peter Kahlig
Mit universellen Sonderprogrammen zum Zeichnen und Drucken. 1979.
ca. 120 S. DIN C 5. Kart.

Udo Bromm
Programmierbare Taschenrechı   **und Ausbildung**
Grundlagen und Anwendungen des   979. VIII, 198 S. und
über 50 Programme. Kart.